简单零件数控车床加工
学习任务集

崔兆华◎主编

中国劳动社会保障出版社

简介

本书的主要内容包括：齿轮轴的数控车床加工、台阶轴的数控车床加工、陀螺件的数控车床加工、开口槽零件的数控车床加工、螺纹顶盖的数控车床加工、螺纹件的数控车床加工、传动轴的数控车床加工、固定套的数控车床加工、活塞杆的数控车床加工、宽槽轴的数控车床加工、薄壁套的数控车床加工、球头手柄的数控车床加工、曲面螺纹轴的数控车床加工、输出轴的数控车床加工、双线螺纹轴的数控车床加工、心轴的数控车床加工、轴承套的数控车床加工、锥齿轮坯的数控车床加工、锥端螺纹轴的数控车床加工、锥螺纹轴的数控车床加工等。

本书由崔兆华任主编，王蕾、蒋自强、逯伟、刘斌、崔人凤、周靖明参与编写，邵明玲任主审。

图书在版编目（CIP）数据

简单零件数控车床加工学习任务集 / 崔兆华主编 . 北京 : 中国劳动社会保障出版社，2024. --（全国技工院校工学一体化技能人才培养模式数控加工专业教材）.
ISBN 978-7-5167-6498-5

Ⅰ. TH13；TG519.1

中国国家版本馆 CIP 数据核字第 2024PF4207 号

中国劳动社会保障出版社出版发行

（北京市惠新东街 1 号　邮政编码：100029）

*

北京市艺辉印刷有限公司印刷装订　新华书店经销

880 毫米 ×1230 毫米　16 开本　6.25 印张　148 千字

2024 年 10 月第 1 版　2024 年 10 月第 1 次印刷

定价：19.00 元

营销中心电话：400-606-6496

出版社网址：http://www.class.com.cn

http://jg.class.com.cn

目　录

学习任务1　齿轮轴的数控车床加工

一、工作情境描述

某企业接到一批齿轮轴（图1–1）零件加工订单，数量为30件。来料加工，材料为45钢，毛坯尺寸为ϕ45 mm × 75 mm，工期为5天。该零件为回转体零件，生产主管计划用数控车床进行加工。

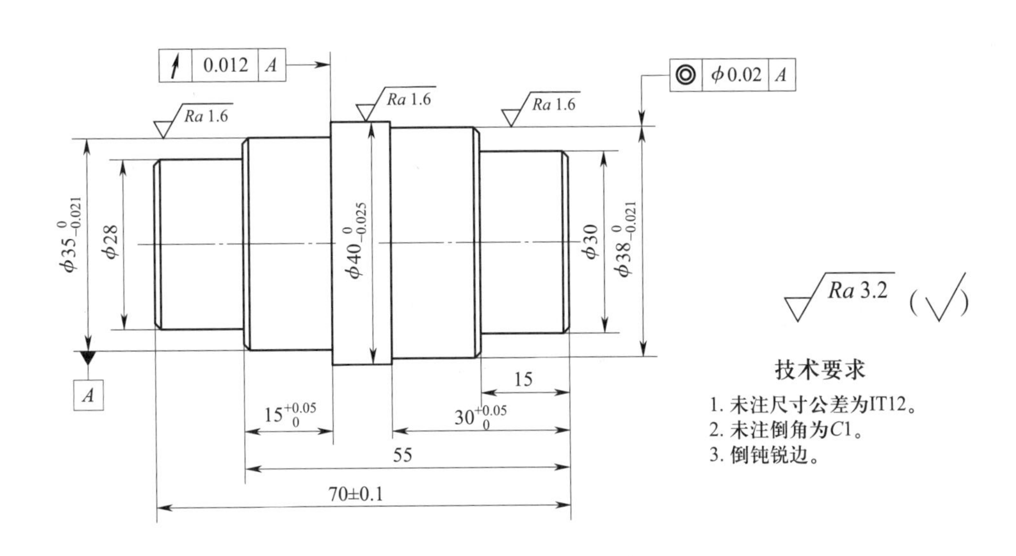

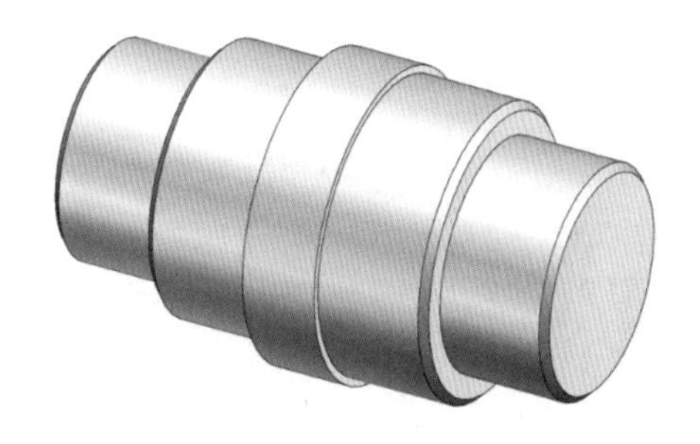

图1–1　齿轮轴

二、加工工艺过程

齿轮轴的加工工艺过程见表 1-1。

表 1-1 齿轮轴的加工工艺过程

工序	工步	加工内容	图示
1. 车左端轮廓	(1)	车左端面	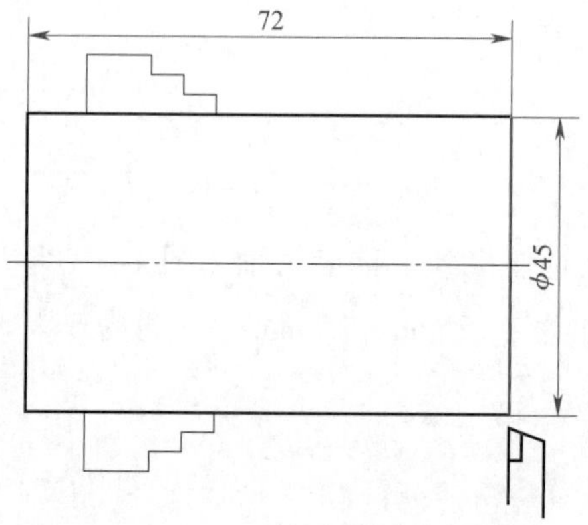 72 $\phi45$
	(2)	粗车 $\phi40_{-0.025}^{0}$ mm、$\phi35_{-0.021}^{0}$ mm 和 $\phi28$ mm 外圆柱面，每处留 0.5 mm 精车余量	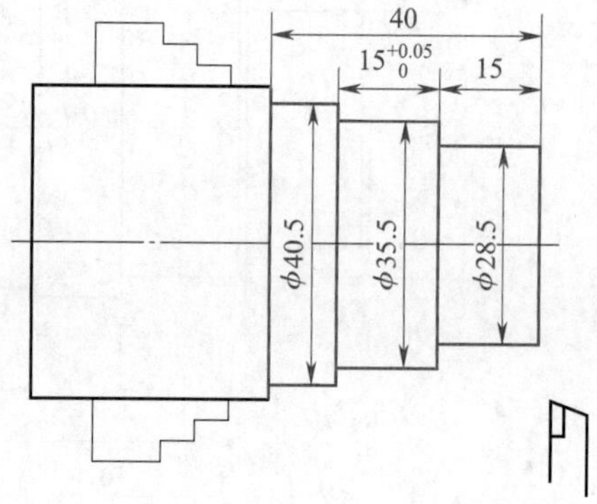 40 $15_{0}^{+0.05}$ 15 $\phi40.5$ $\phi35.5$ $\phi28.5$
	(3)	精车 $\phi40_{-0.025}^{0}$ mm、$\phi35_{-0.021}^{0}$ mm 和 $\phi28$ mm 外圆柱面至尺寸要求，并倒角	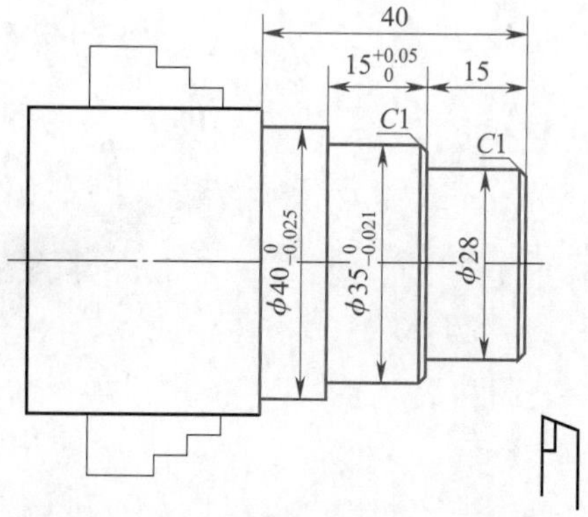 40 $15_{0}^{+0.05}$ 15 $C1$ $C1$ $\phi40_{-0.025}^{0}$ $\phi35_{-0.021}^{0}$ $\phi28$

续表

工序	工步	加工内容	图示
2. 车右端轮廓	（1）	车右端面，控制总长	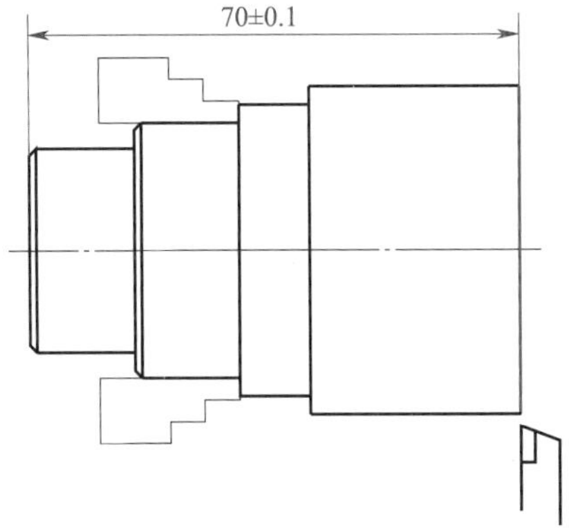
	（2）	粗车 $\phi38_{-0.021}^{\ 0}$ mm 外圆柱面至 $\phi38.5$ mm，粗车 $\phi30$ mm 外圆柱面至 $\phi30.5$ mm	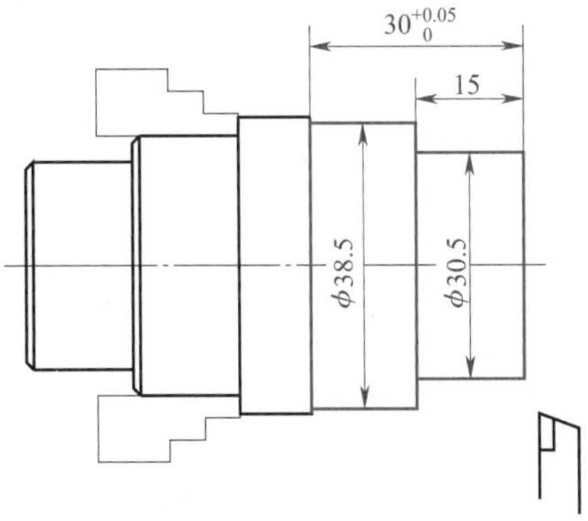
	（3）	精车 $\phi38_{-0.021}^{\ 0}$ mm、$\phi30$ mm 外圆柱面至尺寸要求，并倒角	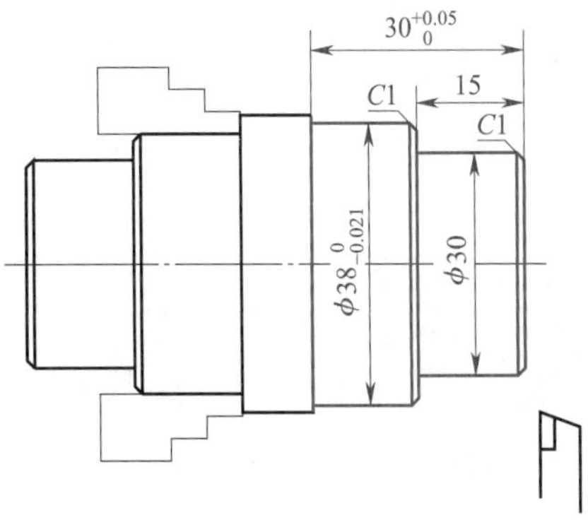
3. 检验		按零件图样尺寸进行检验	

三、加工质量检测

表 1–2 为齿轮轴加工质量检测表。

表 1–2　　齿轮轴加工质量检测表

序号	检测项目	配分	检测内容及要求	评分标准	检测结果	得分
1	主要尺寸（48 分）	8	$\phi35_{-0.021}^{0}$ mm	超差不得分		
2		8	$\phi40_{-0.025}^{0}$ mm	超差不得分		
3		8	$\phi38_{-0.021}^{0}$ mm	超差不得分		
4		8	$\phi30$ mm	超差不得分		
5		8	◎ | $\phi0.02$ | A	超差不得分		
6		8	↗ | 0.012 | A	超差不得分		
7	次要尺寸（28 分）	5	15 mm	超差不得分		
8		5	$30_{0}^{+0.05}$ mm	超差不得分		
9		5	$15_{0}^{+0.05}$ mm	超差不得分		
10		5	（70 ± 0.1）mm	超差不得分		
11		4 × 2	$C1$ mm（4 处）	超差不得分		
12	表面粗糙度（14 分）	3 × 2	$Ra1.6$ μm（3 处）	降级不得分		
13		8 × 1	$Ra3.2$ μm（8 处）	降级不得分		
14	主观评分（7 分）	2	已加工零件倒角、倒钝、去毛刺符合图样要求，否则不得分			
15		2	已加工零件无划伤、碰伤和夹伤，否则不得分			
16		3	已加工零件与图样外形一致，否则不得分			
17	更换或添加毛坯（3 分）	3	更换或添加毛坯不得分			
18	职业素养	倒扣分	能正确穿戴工作服、工作鞋、安全帽和防护眼镜等个人防护用品。每违反一项，扣 2 分			
19			能规范使用设备、工具、量具和辅具。每违反操作规范一次，扣 2 分			
20			能做好设备清洁、保养工作。未清洁或未保养，扣 3 分；清洁或保养不彻底，扣 2 分			
总配分		100	总得分			

学习任务 2　台阶轴的数控车床加工

一、工作情境描述

某企业接到一批台阶轴（图 2-1）零件加工订单，数量为 30 件。来料加工，材料为 45 钢，毛坯尺寸为 ϕ50 mm × 105 mm，工期为 5 天。该零件为回转体零件，生产主管计划用数控车床进行加工。

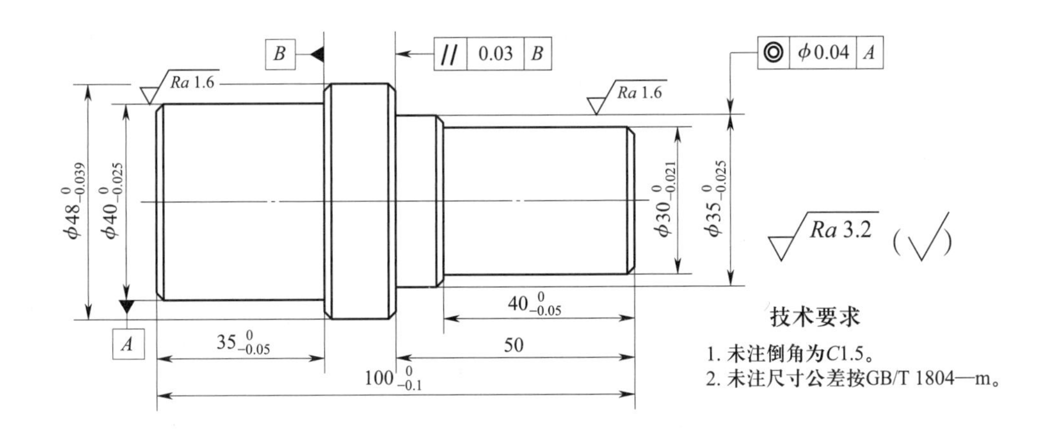

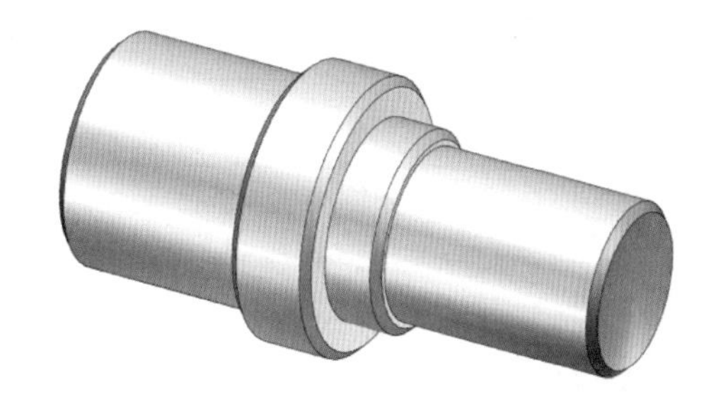

图 2-1　台阶轴

二、加工工艺过程

台阶轴的加工工艺过程见表 2-1。

表 2–1 台阶轴的加工工艺过程

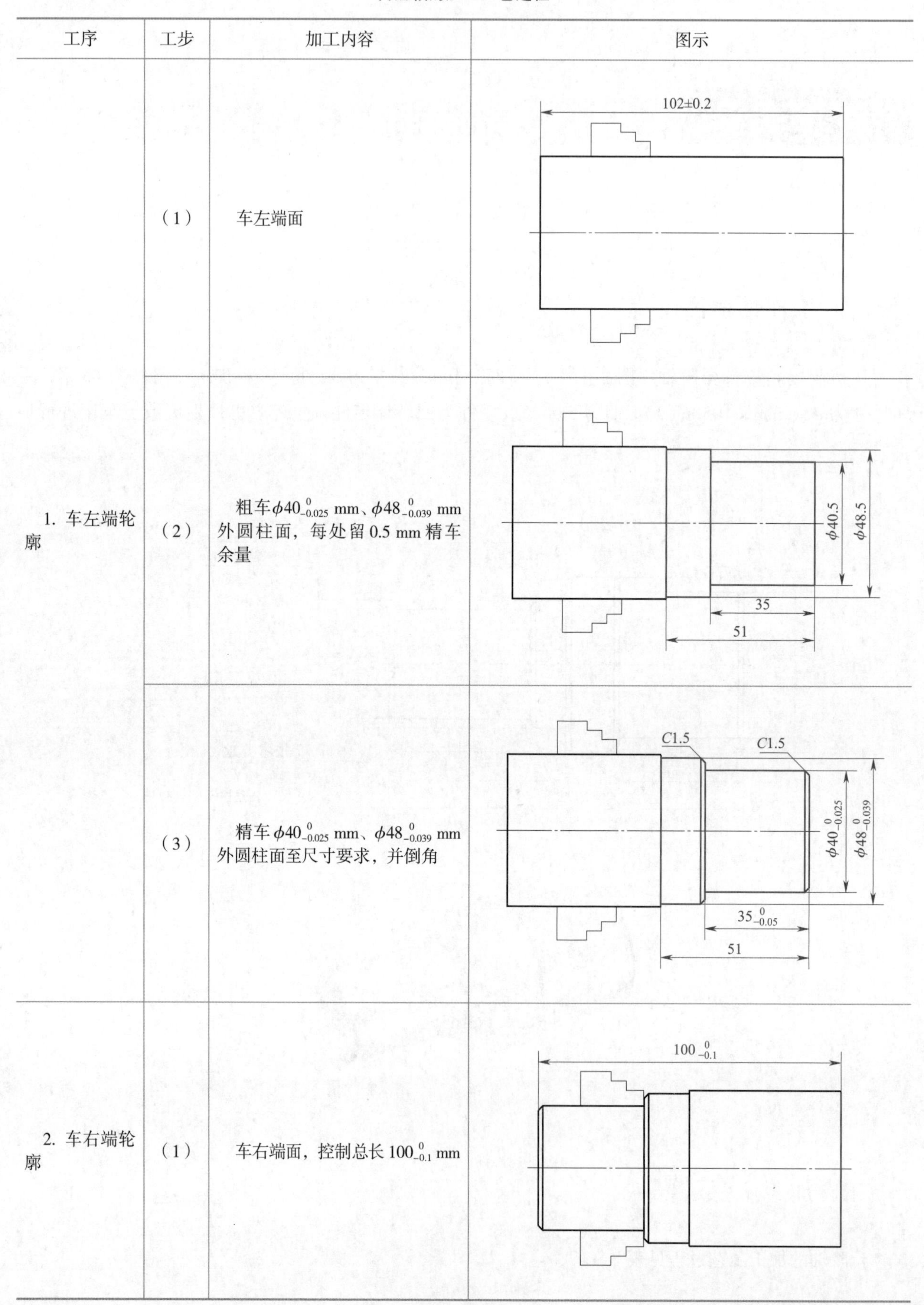

工序	工步	加工内容	图示
1. 车左端轮廓	（1）	车左端面	
	（2）	粗车 $\phi40_{-0.025}^{\ 0}$ mm、$\phi48_{-0.039}^{\ 0}$ mm 外圆柱面，每处留 0.5 mm 精车余量	
	（3）	精车 $\phi40_{-0.025}^{\ 0}$ mm、$\phi48_{-0.039}^{\ 0}$ mm 外圆柱面至尺寸要求，并倒角	
2. 车右端轮廓	（1）	车右端面，控制总长 $100_{-0.1}^{\ 0}$ mm	

续表

工序	工步	加工内容	图示
2. 车右端轮廓	（2）	粗车 $\phi30_{-0.021}^{0}$ mm、$\phi35_{-0.025}^{0}$ mm 外圆柱面，每处留 0.5 mm 精车余量	$\phi30.5$　$\phi35.5$　40　50
	（3）	精车 $\phi30_{-0.021}^{0}$ mm、$\phi35_{-0.025}^{0}$ mm 外圆柱面至尺寸要求，并倒角	C1.5　C1.5　C1.5　$\phi30_{-0.021}^{0}$　$\phi35_{-0.025}^{0}$　$40_{-0.05}^{0}$　50
3. 检验		按零件图样尺寸进行检验	

三、加工质量检测

表 2–2 为台阶轴加工质量检测表。

表 2–2　台阶轴加工质量检测表

序号	检测项目	配分	检测内容及要求	评分标准	检测结果	得分
1	主要尺寸（49 分）	8	$\phi30_{-0.021}^{0}$ mm	超差不得分		
2		8	$\phi35_{-0.025}^{0}$ mm	超差不得分		
3		8	$\phi40_{-0.025}^{0}$ mm	超差不得分		
4		8	$\phi48_{-0.039}^{0}$ mm	超差不得分		
5		8	// 0.03 B	超差不得分		
6		9	◎ $\phi0.04$ A	超差不得分		
7	次要尺寸（29 分）	6	$35_{-0.05}^{0}$ mm	超差不得分		
8		6	$40_{-0.05}^{0}$ mm	超差不得分		

续表

序号	检测项目	配分	检测内容及要求	评分标准	检测结果	得分
9		6	50 mm	超差不得分		
10		6	$100_{-0.1}^{0}$ mm	超差不得分		
11		5 × 1	*C*1.5 mm（5 处）	超差不得分		
12	表面粗糙度（10 分）	2 × 2	*Ra*1.6 μm（2 处）	降级不得分		
13		12 × 0.5	*Ra*3.2 μm（12 处）	降级不得分		
14	主观评分（9 分）	3	已加工零件倒角、去毛刺符合图样要求，否则不得分			
15		3	已加工零件无划伤、碰伤和夹伤，否则不得分			
16		3	已加工零件与图样外形一致，否则不得分			
17	更换或添加毛坯（3 分）	3	更换或添加毛坯不得分			
18	职业素养	倒扣分	能正确穿戴工作服、工作鞋、安全帽和防护眼镜等个人防护用品。每违反一项，扣 2 分			
19			能规范使用设备、工具、量具和辅具。每违反操作规范一次，扣 2 分			
20			能做好设备清洁、保养工作。未清洁或未保养，扣 3 分；清洁或保养不彻底，扣 2 分			
总配分		100	总得分			

学习任务 3　陀螺件的数控车床加工

一、工作情境描述

某企业接到一批陀螺件（图 3–1）加工订单，数量为 30 件。来料加工，材料为 45 钢，毛坯尺寸为 ϕ45 mm × 50 mm，工期为 5 天。该零件由圆柱面和圆弧面等组成，生产主管计划用数控车床进行加工。

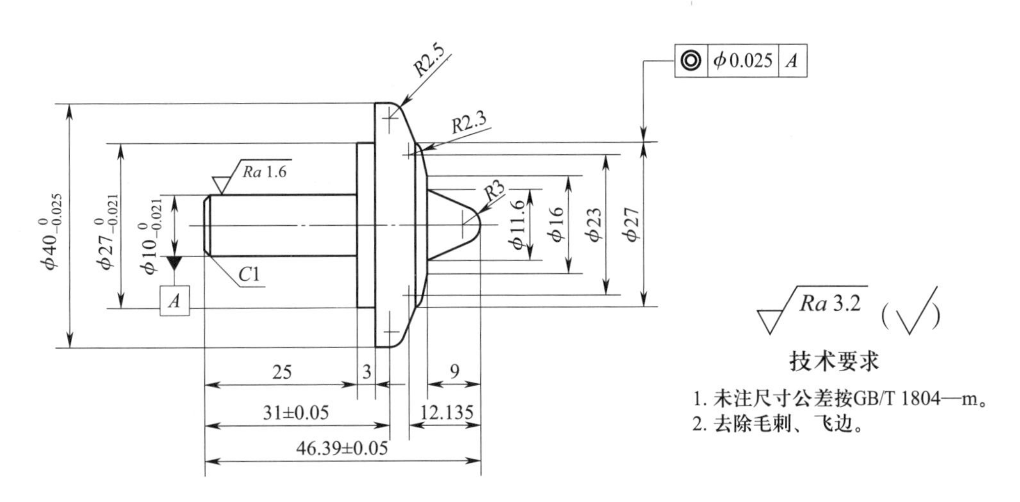

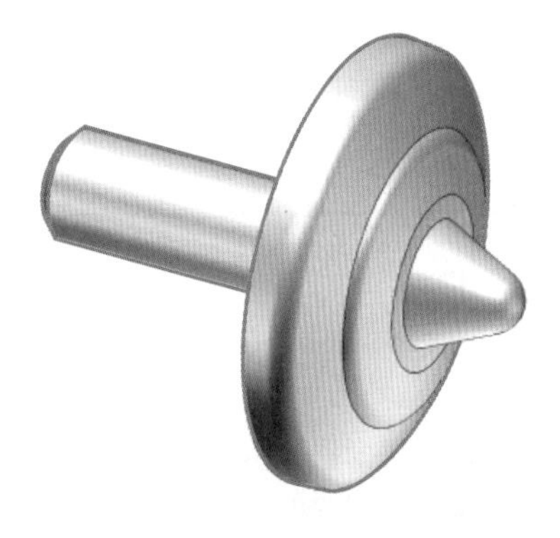

图 3–1　陀螺件

二、加工工艺过程

陀螺件的加工工艺过程见表 3–1。

表 3–1 陀螺件的加工工艺过程

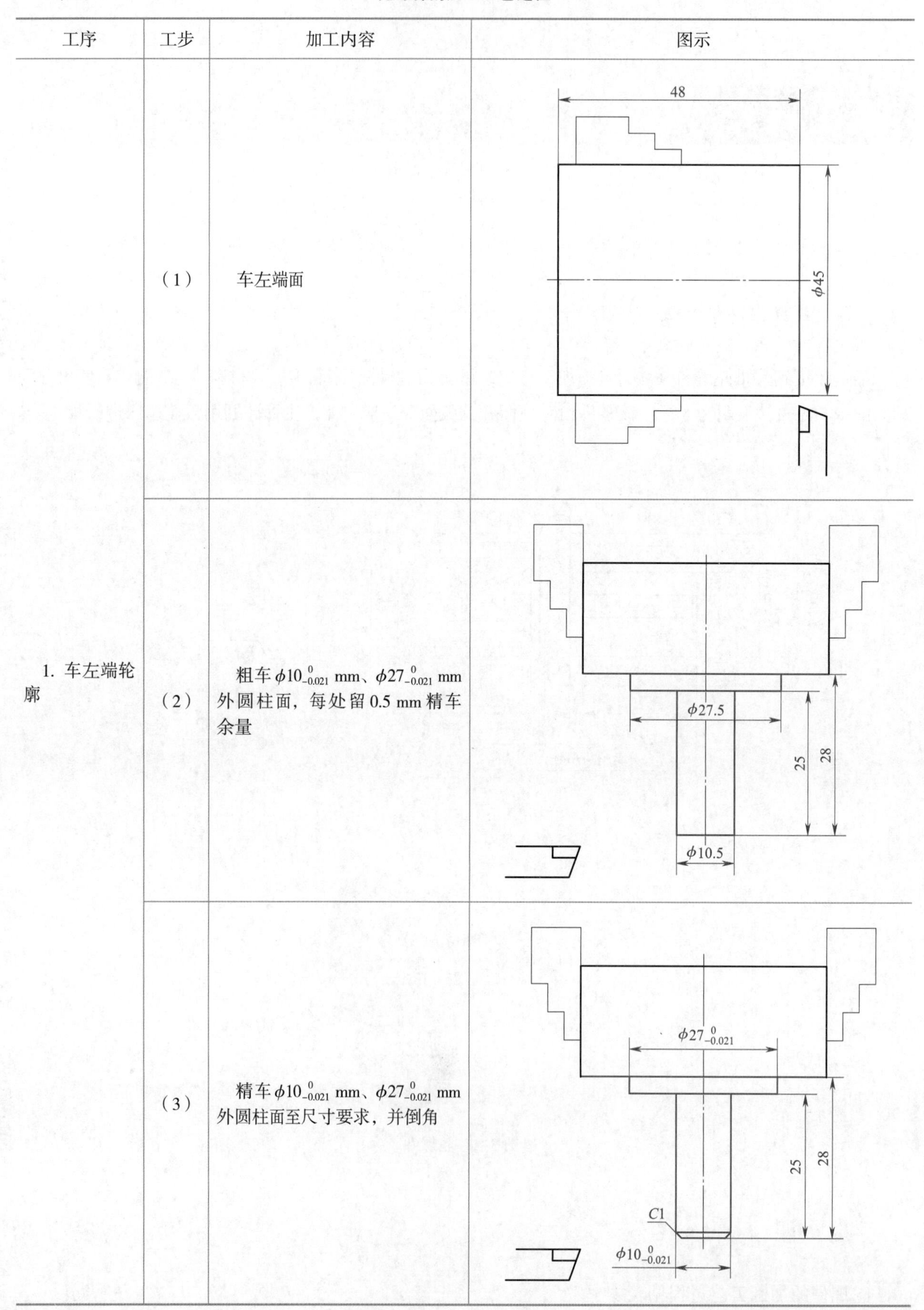

工序	工步	加工内容	图示
1. 车左端轮廓	（1）	车左端面	
	（2）	粗车 $\phi10_{-0.021}^{0}$ mm、$\phi27_{-0.021}^{0}$ mm 外圆柱面，每处留 0.5 mm 精车余量	
	（3）	精车 $\phi10_{-0.021}^{0}$ mm、$\phi27_{-0.021}^{0}$ mm 外圆柱面至尺寸要求，并倒角	

续表

工序	工步	加工内容	图示
2. 车右端轮廓	（1）	车右端面，控制总长	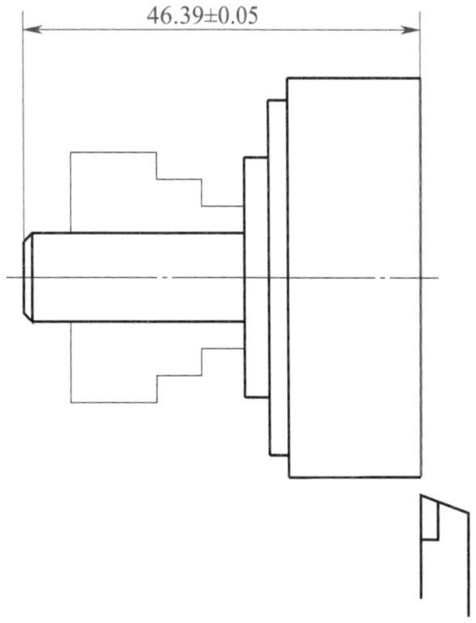
	（2）	粗、精车右端轮廓至尺寸要求	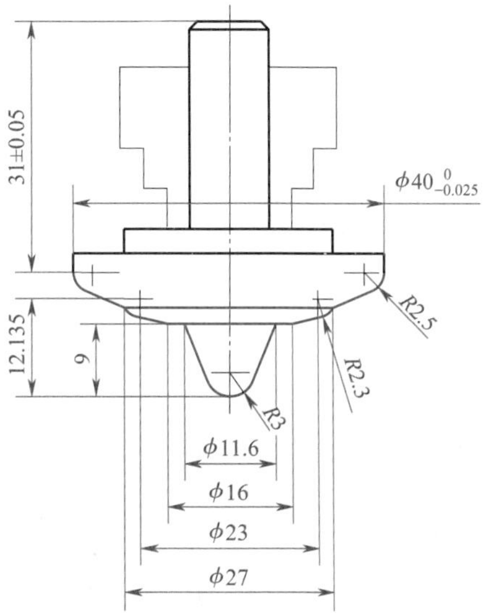
3. 检验		按零件图样尺寸进行检验	

三、加工质量检测

表 3–2 为陀螺件加工质量检测表。

表 3–2　　陀螺件加工质量检测表

序号	检测项目	配分	检测内容及要求	评分标准	检测结果	得分
1	主要尺寸（48 分）	8	$\phi 40_{-0.025}^{0}$ mm	超差不得分		
2		8	$\phi 27_{-0.021}^{0}$ mm	超差不得分		
3		8	$\phi 10_{-0.021}^{0}$ mm	超差不得分		
4		5	$\phi 11.6$ mm	超差不得分		

续表

序号	检测项目	配分	检测内容及要求	评分标准	检测结果	得分
5		5	ϕ16 mm	超差不得分		
6		5	ϕ23 mm	超差不得分		
7		5	ϕ27 mm	超差不得分		
8		4	◎ ϕ0.025 A	超差不得分		
9	次要尺寸（28分）	5	（31 ± 0.05）mm	超差不得分		
10		6	（46.39 ± 0.05）mm	超差不得分		
11		5	3 mm	超差不得分		
12		4	25 mm	超差不得分		
13		2	*C*1 mm	超差不得分		
14		2	*R*2.5 mm	超差不得分		
15		2	*R*2.3 mm	超差不得分		
16		2	*R*3 mm	超差不得分		
17	表面粗糙度（9分）	2	*Ra*1.6 μm	降级不得分		
18		7 × 1	*Ra*3.2 μm（7处）	降级不得分		
19	主观评分（10分）	3.5	已加工零件倒角、去毛刺符合图样要求，否则不得分			
20		3.5	已加工零件无划伤、碰伤和夹伤，否则不得分			
21		3	已加工零件与图样外形一致，否则不得分			
22	更换或添加毛坯（5分）	5	更换或添加毛坯不得分			
23	职业素养	倒扣分	能正确穿戴工作服、工作鞋、安全帽和防护眼镜等个人防护用品。每违反一项，扣2分			
24			能规范使用设备、工具、量具和辅具。每违反操作规范一次，扣2分			
25			能做好设备清洁、保养工作。未清洁或未保养，扣3分；清洁或保养不彻底，扣2分			
总配分		100	总得分			

学习任务 4　开口槽零件的数控车床加工

一、工作情境描述

某企业接到一批开口槽（图 4–1）零件加工订单，数量为 30 件。来料加工，材料为 45 钢，毛坯尺寸为 ϕ50 mm × 40 mm，工期为 5 天。该零件由圆柱面、内孔、内锥面、端面槽和径向槽等组成，生产主管计划用数控车床进行加工。

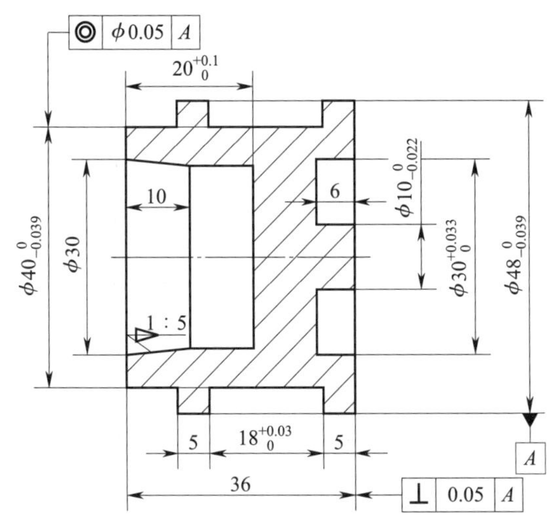

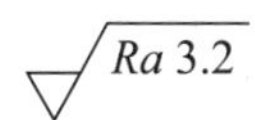

技术要求

1. 未注尺寸公差按GB/T 1804—m。
2. 去除毛刺、飞边。
3. 倒钝锐边。

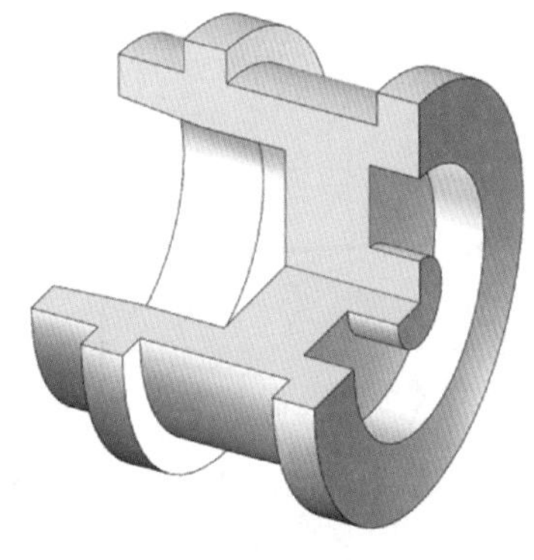

图 4–1　开口槽

二、加工工艺过程

开口槽零件的加工工艺过程见表 4–1。

表 4–1　开口槽零件的加工工艺过程

工序	工步	加工内容	图示
1. 钻孔		钻 $\phi25$ mm×（21±0.5）mm 孔	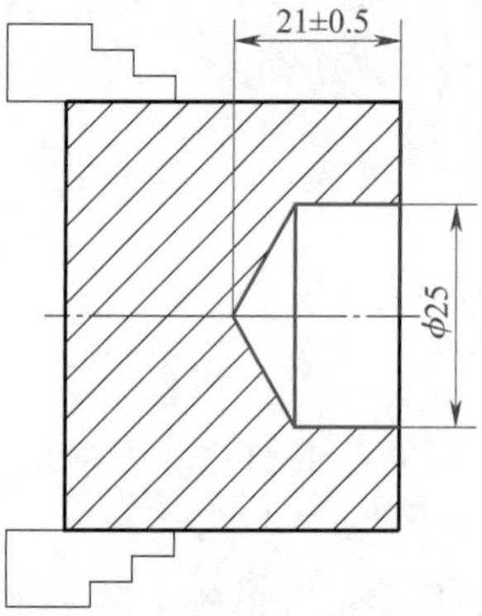
2. 车左端面和外圆柱面	（1）	车左端面，控制工件长度为（38±0.5）mm	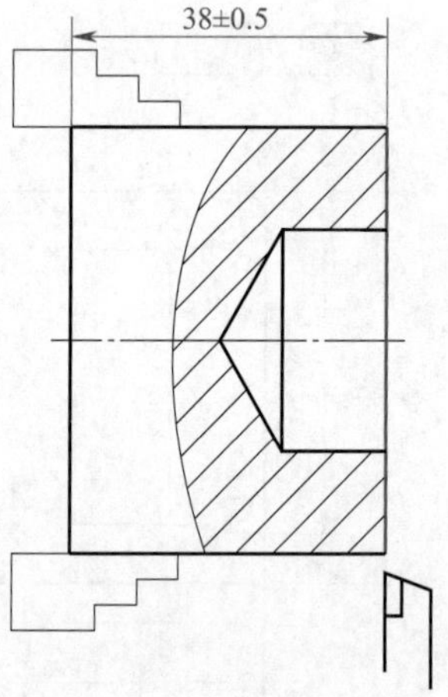
	（2）	粗、精车 $\phi40_{-0.039}^{\ 0}$ mm 和 $\phi48_{-0.039}^{\ 0}$ mm 外圆柱面至尺寸要求	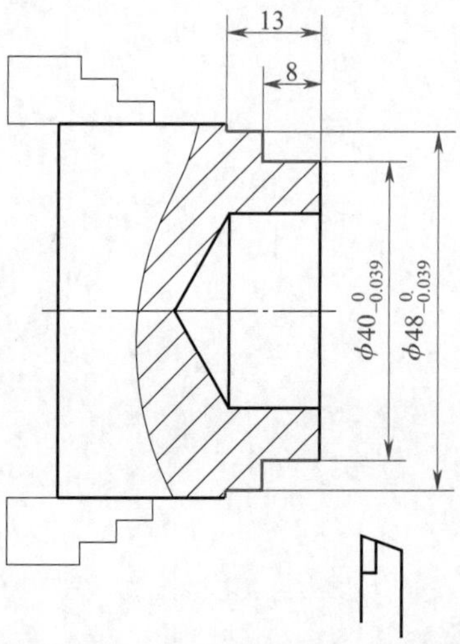

续表

工序	工步	加工内容	图示
3. 车内孔和内锥面		粗、精车1:5内锥面和内孔至尺寸要求	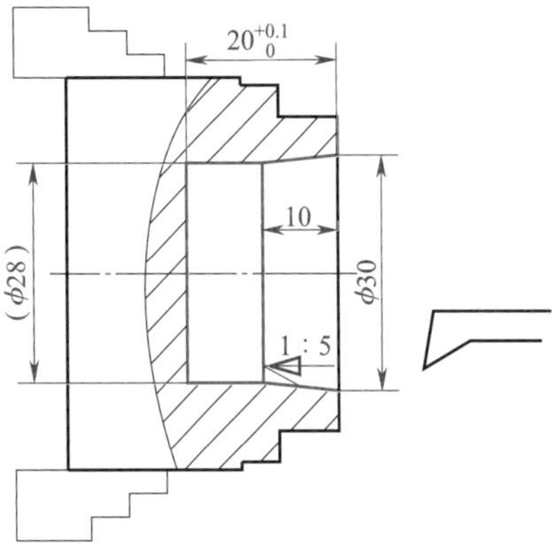 $20^{+0.1}_{0}$ 10 (φ28) φ30 1:5
4. 车右端面		车右端面，控制总长	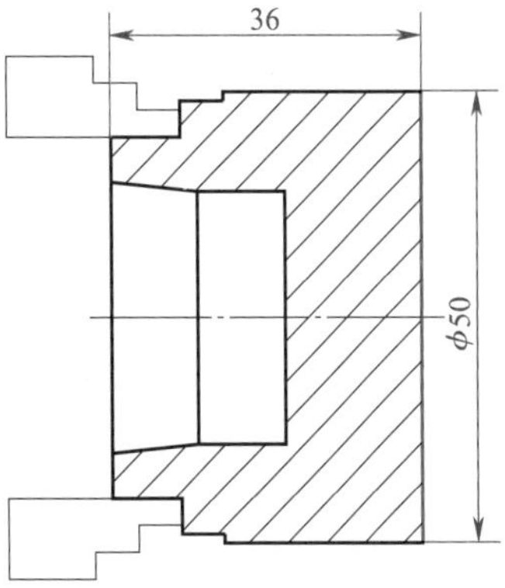 36 φ50
5. 车径向槽		用外圆车刀和车槽刀粗、精车 $\phi48^{\ 0}_{-0.039}$ mm外圆柱面和 $\phi40^{\ 0}_{-0.039}$ mm × $18^{+0.03}_{0}$ mm径向槽至尺寸要求	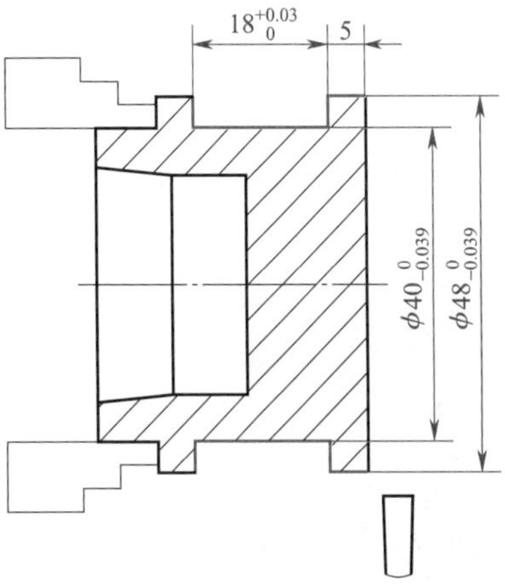 $18^{+0.03}_{0}$ 5 $\phi40^{\ 0}_{-0.039}$ $\phi48^{\ 0}_{-0.039}$

续表

工序	工步	加工内容	图示
6. 车端面槽		用端面车槽刀粗、精车端面槽至尺寸要求	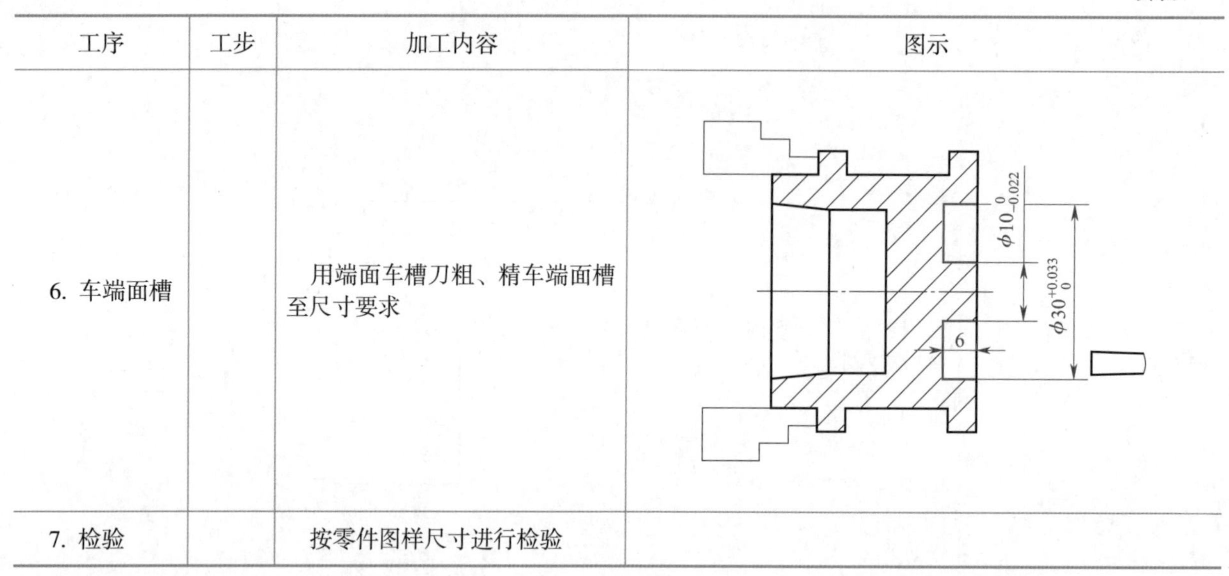
7. 检验		按零件图样尺寸进行检验	

三、加工质量检测

表 4–2 为开口槽零件加工质量检测表。

表 4–2　　开口槽零件加工质量检测表

序号	检测项目	配分	检测内容及要求	评分标准	检测结果	得分
1	主要尺寸（59 分）	8	$\phi30_{0}^{+0.033}$ mm	超差不得分		
2		8	$\phi40_{-0.039}^{0}$ mm	超差不得分		
3		8	$\phi30$ mm	超差不得分		
4		8	$\phi48_{-0.039}^{0}$ mm	超差不得分		
5		7	$\phi10_{-0.022}^{0}$ mm	超差不得分		
6		8	锥度 1∶5	超差不得分		
7		6	◎ | $\phi0.05$ | A	超差不得分		
8		6	⊥ | 0.05 | A	超差不得分		
9	次要尺寸（20 分）	5	$18_{0}^{+0.03}$ mm	超差不得分		
10		5	$20_{0}^{+0.1}$ mm	超差不得分		
11		2 × 2.5	5 mm（2 处）	超差不得分		
12		5	6 mm	超差不得分		
13	表面粗糙度（6 分）	12 × 0.5	Ra3.2 μm（12 处）	降级不得分		
14	主观评分（10 分）	3.5	已加工零件倒角、倒钝、去毛刺符合图样要求，否则不得分			

续表

序号	检测项目	配分	检测内容及要求	评分标准	检测结果	得分
15		3.5	已加工零件无划伤、碰伤和夹伤，否则不得分			
16		3	已加工零件与图样外形一致，否则不得分			
17	更换或添加毛坯（5分）	5	更换或添加毛坯不得分			
18	职业素养	倒扣分	能正确穿戴工作服、工作鞋、安全帽和防护眼镜等个人防护用品。每违反一项，扣2分			
19			能规范使用设备、工具、量具和辅具。每违反操作规范一次，扣2分			
20			能做好设备清洁、保养工作。未清洁或未保养，扣3分；清洁或保养不彻底，扣2分			
总配分		100	总得分			

学习任务 5　螺纹顶盖的数控车床加工

一、工作情境描述

某企业接到一批螺纹顶盖（图 5–1）零件加工订单，数量为 30 件。来料加工，材料为 45 钢，毛坯尺寸为 $\phi 45\ \mathrm{mm} \times 37\ \mathrm{mm}$，工期为 5 天。该零件由圆柱面、螺纹退刀槽和内螺纹等组成，生产主管计划用数控车床进行加工。

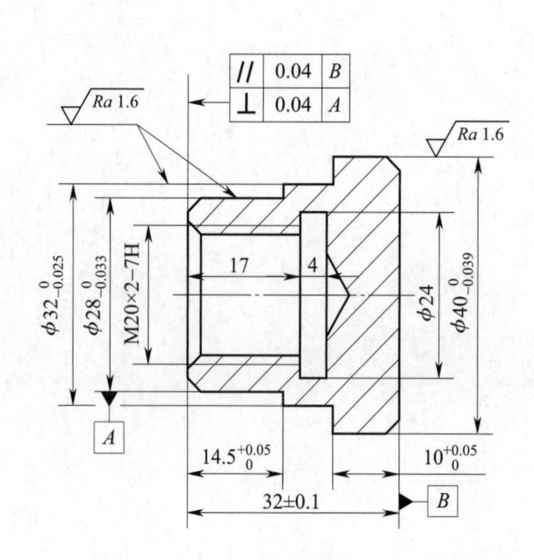

Ra 3.2 （√）

技术要求

1. 未注尺寸公差按GB/T 1804—m。
2. 倒钝锐边。
3. 未注倒角为C2。

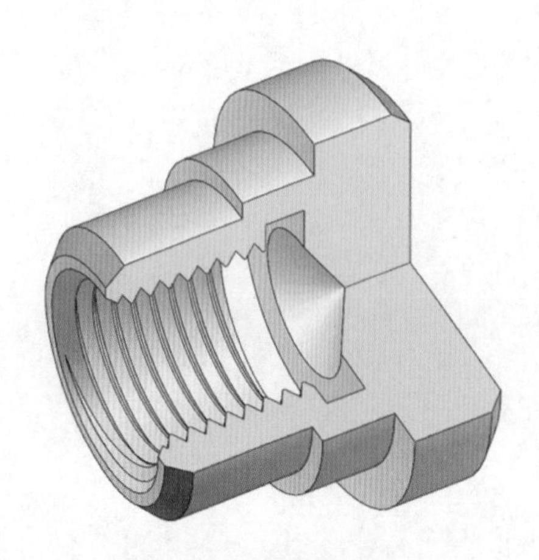

图 5–1　螺纹顶盖

二、加工工艺过程

螺纹顶盖的加工工艺过程见表 5–1。

表 5–1　　螺纹顶盖的加工工艺过程

工序	工步	加工内容	图示
1. 钻孔		钻 ϕ15 mm ×（25 ± 1）mm 孔	25±1 ϕ15
2. 车左端面和外圆柱面	（1）	车左端面，控制工件长度为（34 ± 0.2）mm	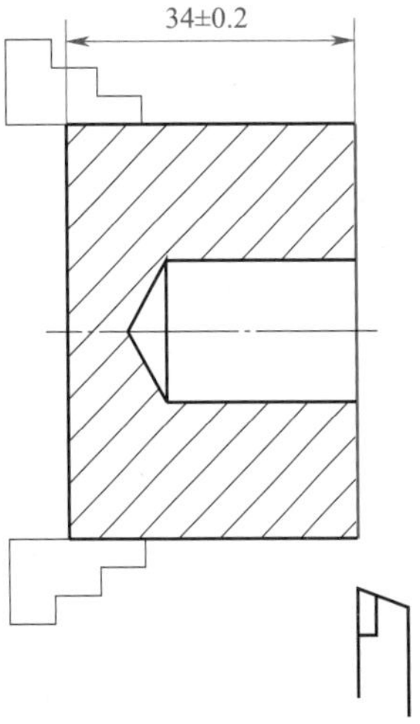 34±0.2
	（2）	粗、精车 $\phi28_{-0.033}^{0}$ mm 和 $\phi32_{-0.025}^{0}$ mm 外圆柱面至尺寸要求，并倒角	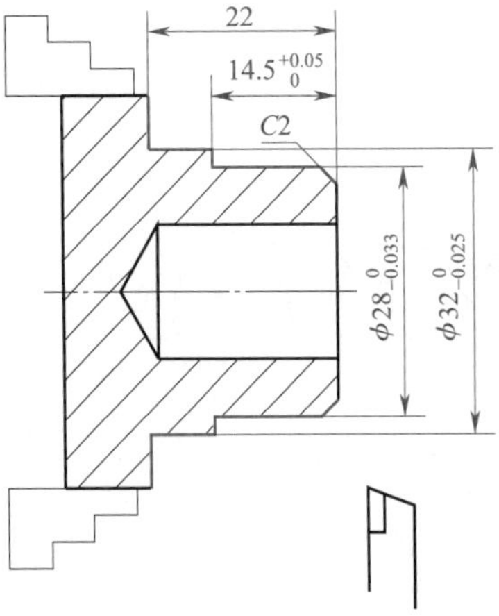 22 $14.5_{0}^{+0.05}$ C2 $\phi28_{-0.033}^{0}$ $\phi32_{-0.025}^{0}$

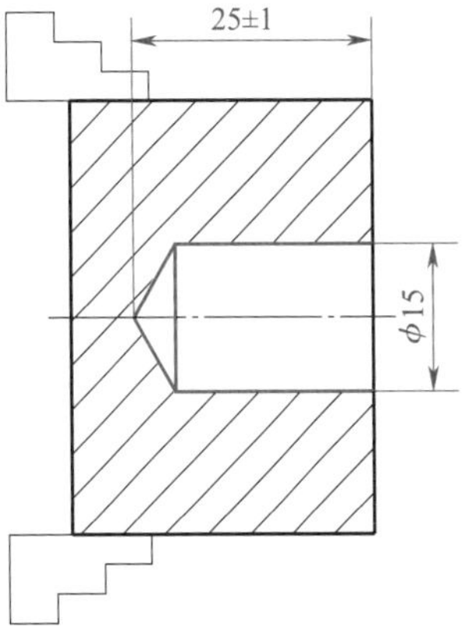

续表

工序	工步	加工内容	图示
3. 粗、精车内孔		粗、精车 M20×2 螺纹底孔并倒角	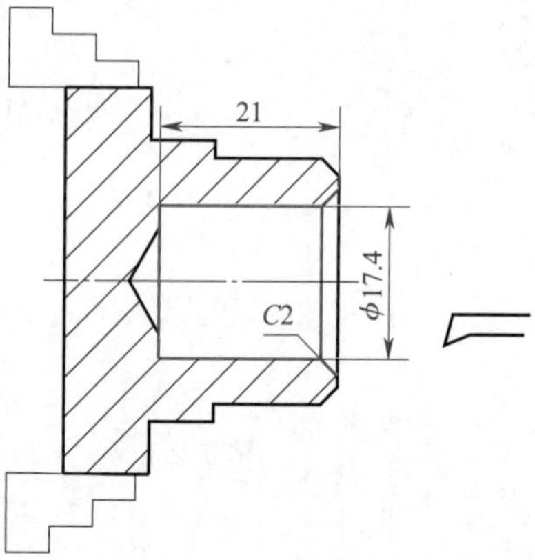 21 ϕ17.4 C2
4. 车螺纹退刀槽		用内车槽刀车 ϕ24 mm×4 mm 螺纹退刀槽	4 ϕ24
5. 车内螺纹		用内螺纹车刀粗、精车 M20×2–7H 内螺纹	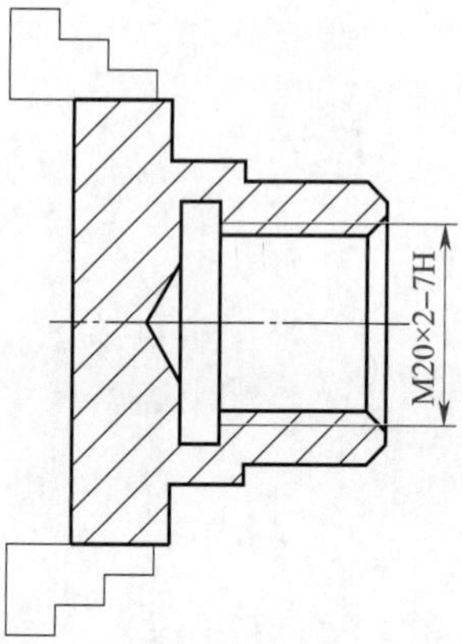 M20×2–7H

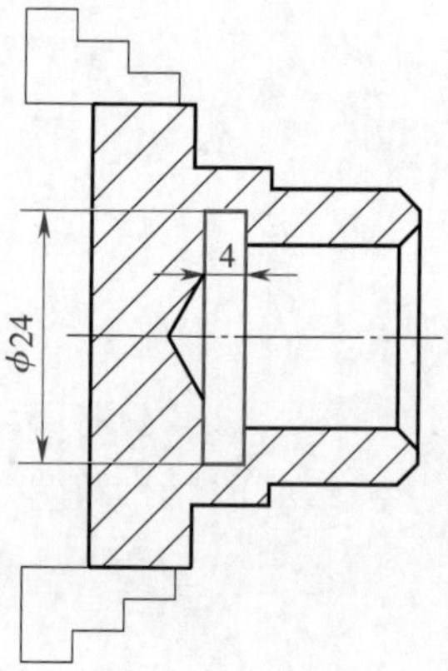

续表

工序	工步	加工内容	图示
6. 车右端轮廓	（1）	车右端面，控制总长（32 ± 0.1）mm	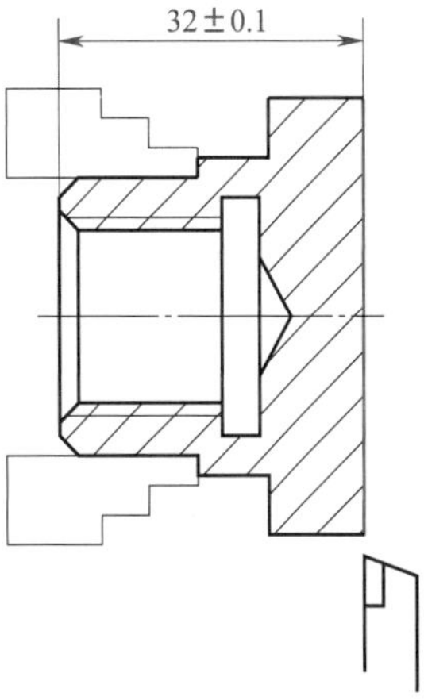 32 ± 0.1
	（2）	粗、精车 $\phi40_{-0.039}^{0}$ mm 外圆柱面至尺寸要求，并倒角	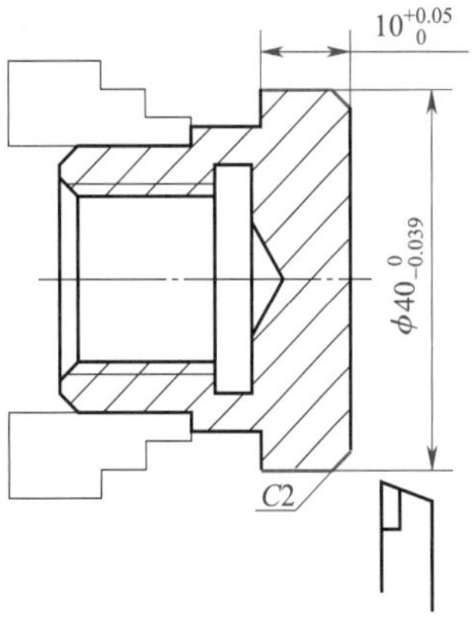 $10_{0}^{+0.05}$ $\phi40_{-0.039}^{0}$ C2
7. 检验		按零件图样尺寸进行检验	

三、加工质量检测

表 5–2 为螺纹顶盖加工质量检测表。

表 5–2　螺纹顶盖加工质量检测表

序号	检测项目	配分	检测内容及要求	评分标准	检测结果	得分
1	主要尺寸（48 分）	8	$\phi32_{-0.025}^{0}$ mm	超差不得分		
2		8	$\phi40_{-0.039}^{0}$ mm	超差不得分		
3		8	$\phi28_{-0.033}^{0}$ mm	超差不得分		
4		8	M20 × 2–7H	超差不得分		

续表

序号	检测项目	配分	检测内容及要求	评分标准	检测结果	得分
5		8	// 0.04 B	超差不得分		
6		8	⊥ 0.04 A	超差不得分		
7	次要尺寸（25 分）	5	$14.5^{+0.05}_{0}$ mm	超差不得分		
8		5	（32 ± 0.1）mm	超差不得分		
9		5	$10^{+0.05}_{0}$ mm	超差不得分		
10		3 × 2	*C*2 mm（3 处）	超差不得分		
11		4	17 mm	超差不得分		
12	表面粗糙度（14 分）	3 × 2	*Ra*1.6 μm（3 处）	降级不得分		
13		8 × 1	*Ra*3.2 μm（8 处）	降级不得分		
14	主观评分（10 分）	3.5	已加工零件倒角、倒钝、去毛刺符合图样要求，否则不得分			
15		3.5	已加工零件无划伤、碰伤和夹伤，否则不得分			
16		3	已加工零件与图样外形一致，否则不得分			
17	更换或添加毛坯（3 分）	3	更换或添加毛坯不得分			
18	职业素养	倒扣分	能正确穿戴工作服、工作鞋、安全帽和防护眼镜等个人防护用品。每违反一项，扣 2 分			
19			能规范使用设备、工具、量具和辅具。每违反操作规范一次，扣 2 分			
20			能做好设备清洁、保养工作。未清洁或未保养，扣 3 分；清洁或保养不彻底，扣 2 分			
总配分		100	总得分			

学习任务 6 螺纹件的数控车床加工

一、工作情境描述

某企业接到螺纹件（图 6-1）零件加工订单，数量为 30 件。来料加工，材料为 45 钢，毛坯尺寸为 ϕ45 mm × 95 mm，工期为 5 天。该零件由圆柱面、圆球面、内孔、内外沟槽、内外螺纹等组成，生产主管计划用数控车床进行加工。

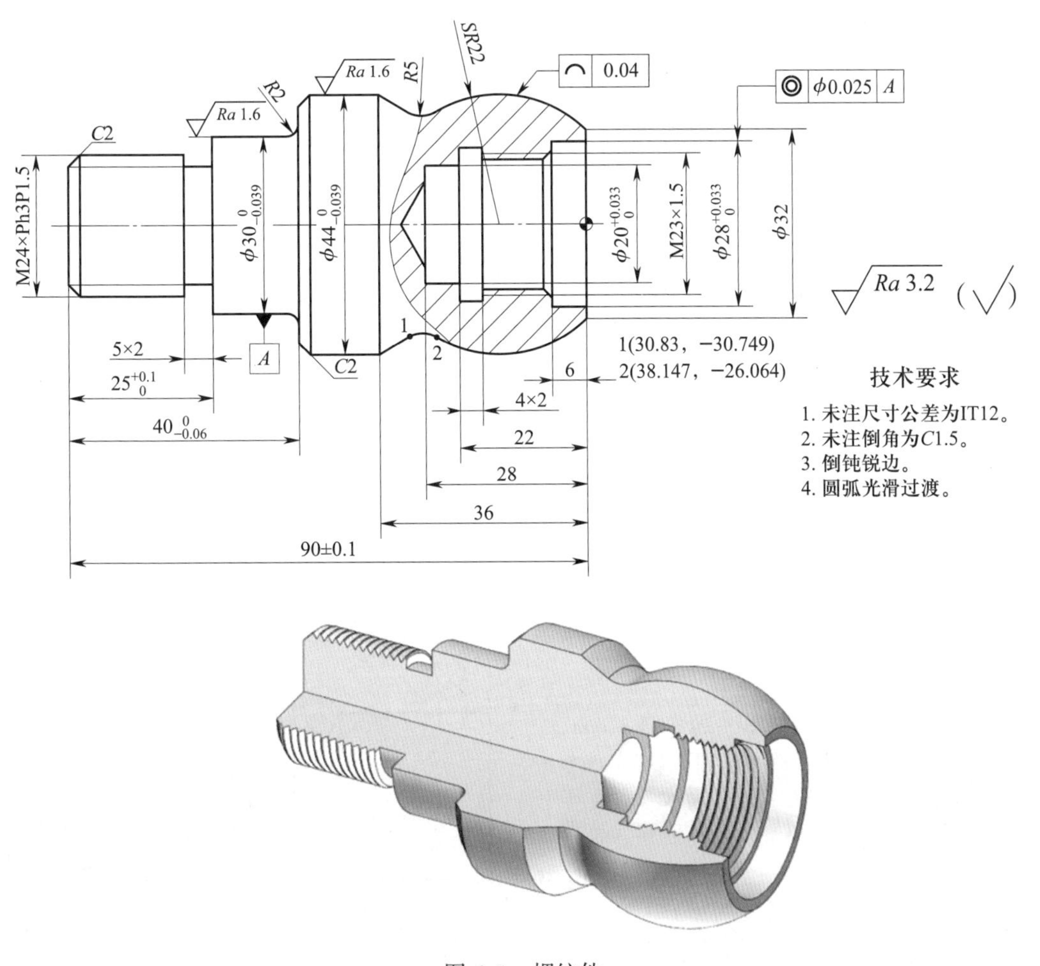

图 6-1 螺纹件

二、加工工艺过程

螺纹件的加工工艺过程见表 6–1。

表 6–1　　　　螺纹件的加工工艺过程

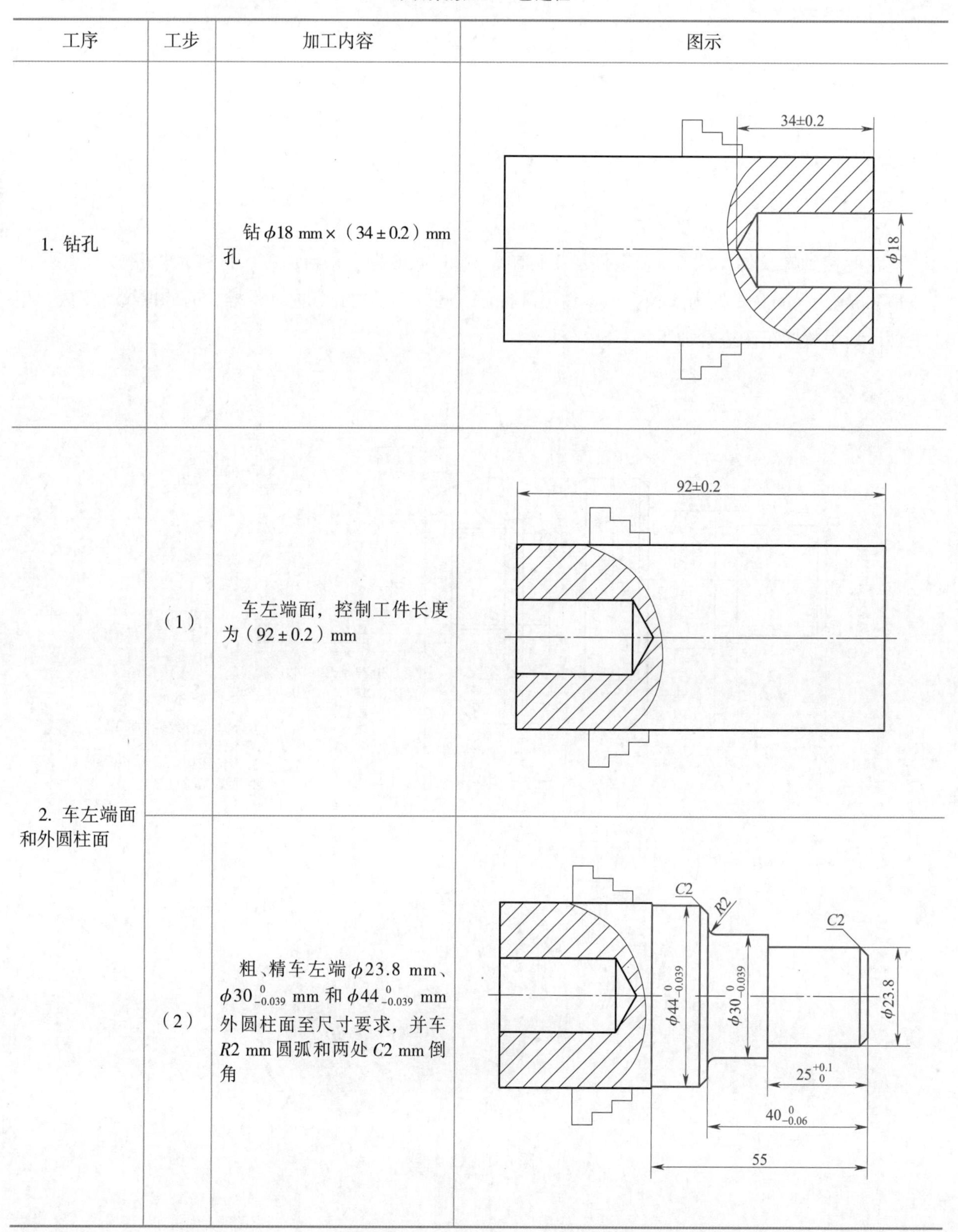

工序	工步	加工内容	图示
1. 钻孔		钻 ϕ18 mm ×（34 ± 0.2）mm 孔	34±0.2 ϕ18
2. 车左端面和外圆柱面	（1）	车左端面，控制工件长度为（92 ± 0.2）mm	92±0.2
	（2）	粗、精车左端 ϕ23.8 mm、$\phi 30_{-0.039}^{\ 0}$ mm 和 $\phi 44_{-0.039}^{\ 0}$ mm 外圆柱面至尺寸要求，并车 R2 mm 圆弧和两处 C2 mm 倒角	C2、R2、C2 $\phi 44_{-0.039}^{\ 0}$、$\phi 30_{-0.039}^{\ 0}$、ϕ23.8 $25_{\ 0}^{+0.1}$、$40_{-0.06}^{\ 0}$、55

续表

工序	工步	加工内容	图示
3. 车退刀槽		车左端外螺纹 5 mm × 2 mm 退刀槽	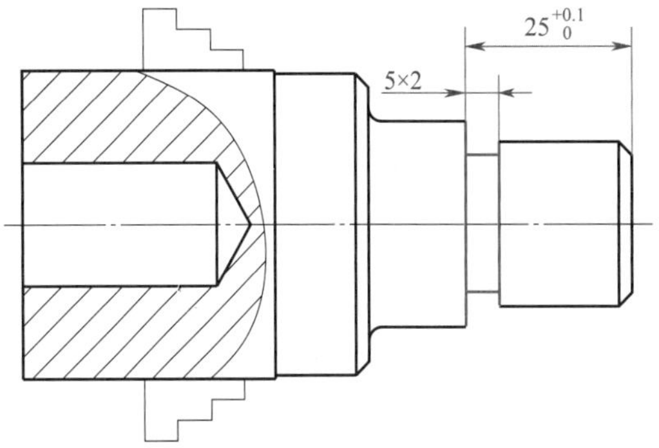 5×2　$25^{+0.1}_{0}$
4. 车双线螺纹		车左端 M24 × Ph3P1.5 双线螺纹	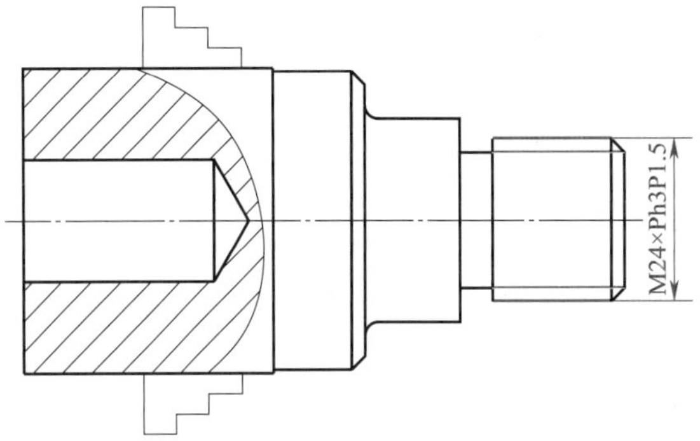 M24×Ph3P1.5
5. 车右端面及外轮廓	（1）	车右端面，控制总长（90 ± 0.1）mm	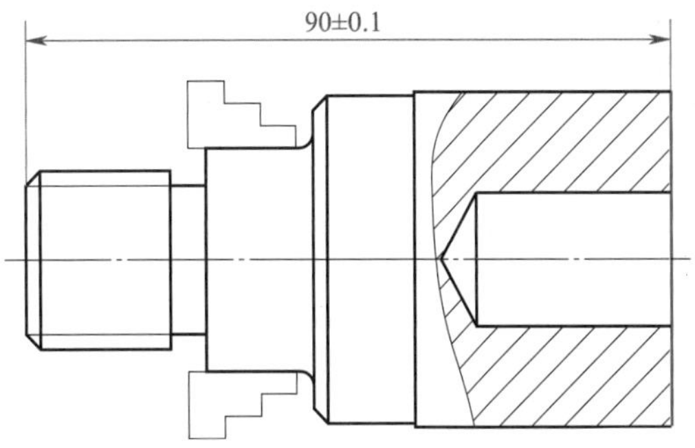 90±0.1
	（2）	车右端 *SR*22 mm 圆球面、*R*5 mm 凹弧面和锥面	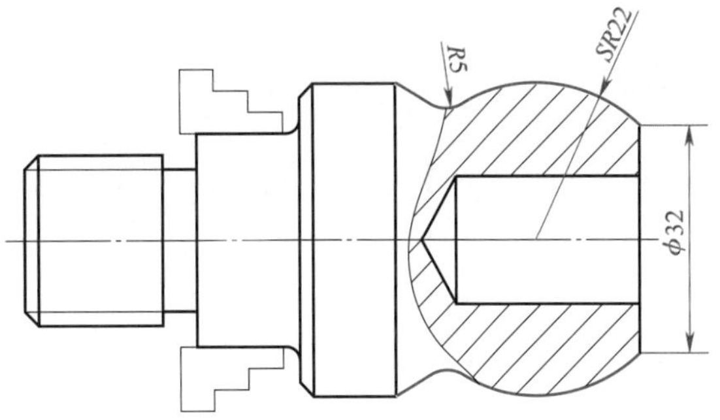 R5　SR22　ϕ32

续表

工序	工步	加工内容	图示
6. 车内孔		车右端$\phi28^{+0.033}_{0}$ mm、$\phi22.05$ mm和$\phi20^{+0.033}_{0}$ mm内孔至尺寸要求，并倒角	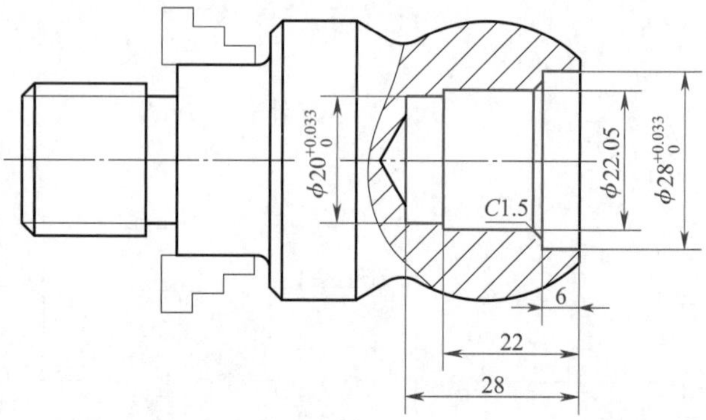 $\phi20^{+0.033}_{0}$ $\phi22.05$ $\phi28^{+0.033}_{0}$ C1.5 6 22 28
7. 车内螺纹退刀槽		车右端4 mm × 2 mm内螺纹退刀槽	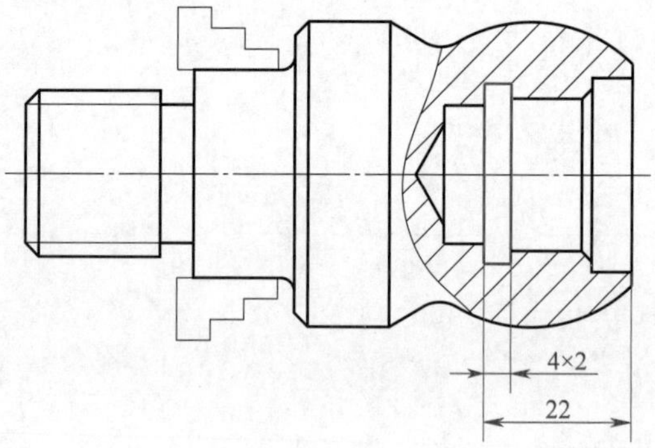 4×2 22
8. 车内螺纹		车右端M23 × 1.5内螺纹	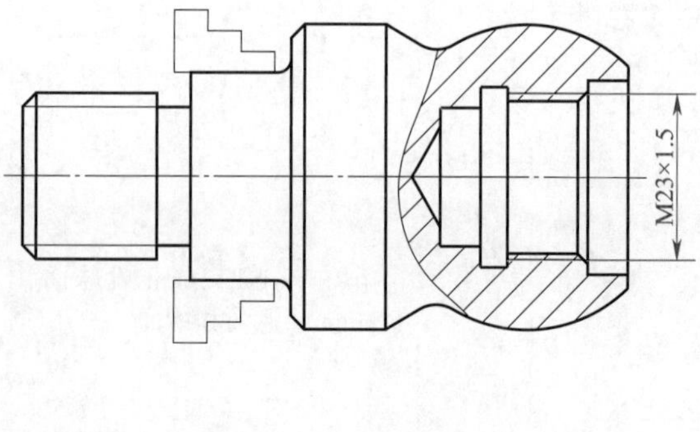 M23×1.5
9. 检验		按零件图样尺寸进行检验	

三、加工质量检测

表6–2为螺纹件加工质量检测表。

表6–2　　螺纹件加工质量检测表

序号	检测项目	配分	检测内容及要求	评分标准	检测结果	得分
1	主要尺寸（43分）	6	$\phi30_{-0.039}^{0}$ mm	超差不得分		
2		6	$\phi44_{-0.039}^{0}$ mm	超差不得分		
3		6	$\phi20_{0}^{+0.033}$ mm	超差不得分		
4		6	$\phi28_{0}^{+0.033}$ mm	超差不得分		
5		8	M24×Ph3P1.5	超差不得分		
6		5	M23×1.5	超差不得分		
7		2	⌒ 0.04	超差不得分		
8		4	◎ ϕ0.025 *A*	超差不得分		
9	次要尺寸（32分）	5	（90±0.1）mm	超差不得分		
10		4	$40_{-0.06}^{0}$ mm	超差不得分		
11		4	$25_{0}^{+0.1}$ mm	超差不得分		
12		2	5 mm×2 mm	超差不得分		
13		2	4 mm×2 mm	超差不得分		
14		3	6 mm	超差不得分		
15		3	28 mm	超差不得分		
16		2	*R*2 mm	超差不得分		
17		2	*R*5 mm	超差不得分		
18		3	*SR*22 mm	超差不得分		
19		2×1	*C*2 mm（2处）	超差不得分		
20	表面粗糙度（12分）	2×1	*Ra*1.6 μm（2处）	降级不得分		
21		10×1	*Ra*3.2 μm（10处）	降级不得分		
22	主观评分（10分）	3.5	已加工零件倒角、倒钝、去毛刺符合图样要求，否则不得分			
23		3.5	已加工零件无划伤、碰伤和夹伤，否则不得分			
24		3	已加工零件与图样外形一致，否则不得分			
25	更换或添加毛坯（3分）	3	更换或添加毛坯不得分			

续表

序号	检测项目	配分	检测内容及要求	评分标准	检测结果	得分
26	职业素养	倒扣分	能正确穿戴工作服、工作鞋、安全帽和防护眼镜等个人防护用品。每违反一项，扣 2 分			
27			能规范使用设备、工具、量具和辅具。每违反操作规范一次，扣 2 分			
28			能做好设备清洁、保养工作。未清洁或未保养，扣 3 分；清洁或保养不彻底，扣 2 分			
总配分		100	总得分			

学习任务 7　传动轴的数控车床加工

一、工作情境描述

某企业业接到一批传动轴（图 7–1）零件加工订单，数量为 30 件。来料加工，材料为 45 钢，毛坯尺寸为 ϕ45 mm × 185 mm，工期为 5 天。该零件为回转体零件，生产主管计划用数控车床进行加工。

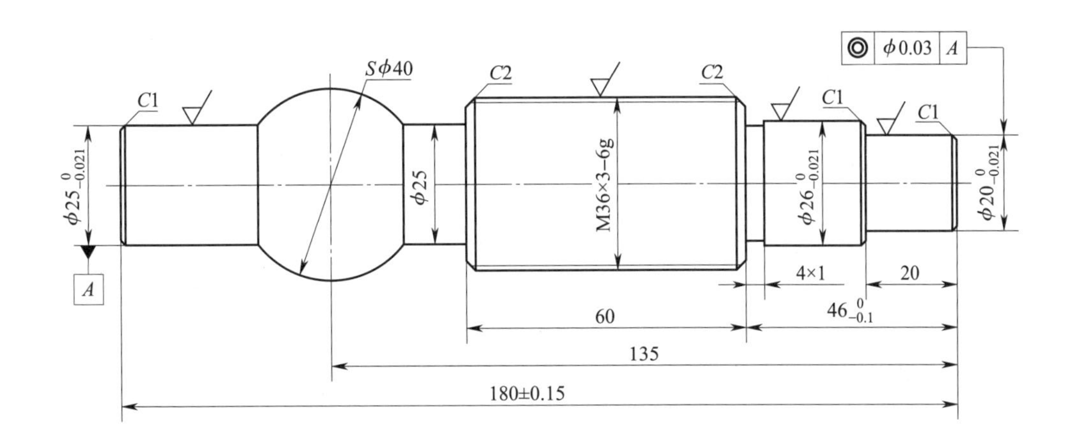

技术要求

1. 倒钝锐边。
2. 未注尺寸公差按GB/T 1804—m。
3. 不允许用砂布或锉刀等修饰表面。

= Ra 1.6

Ra 3.2 (√)

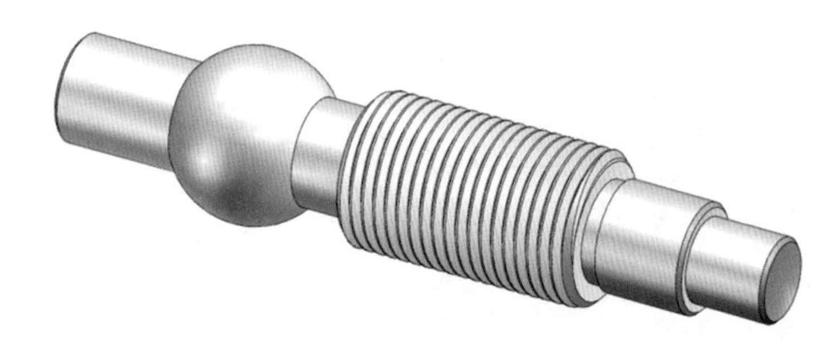

图 7–1　传动轴

二、加工工艺过程

传动轴的加工工艺过程见表 7–1。

表 7–1　　传动轴的加工工艺过程

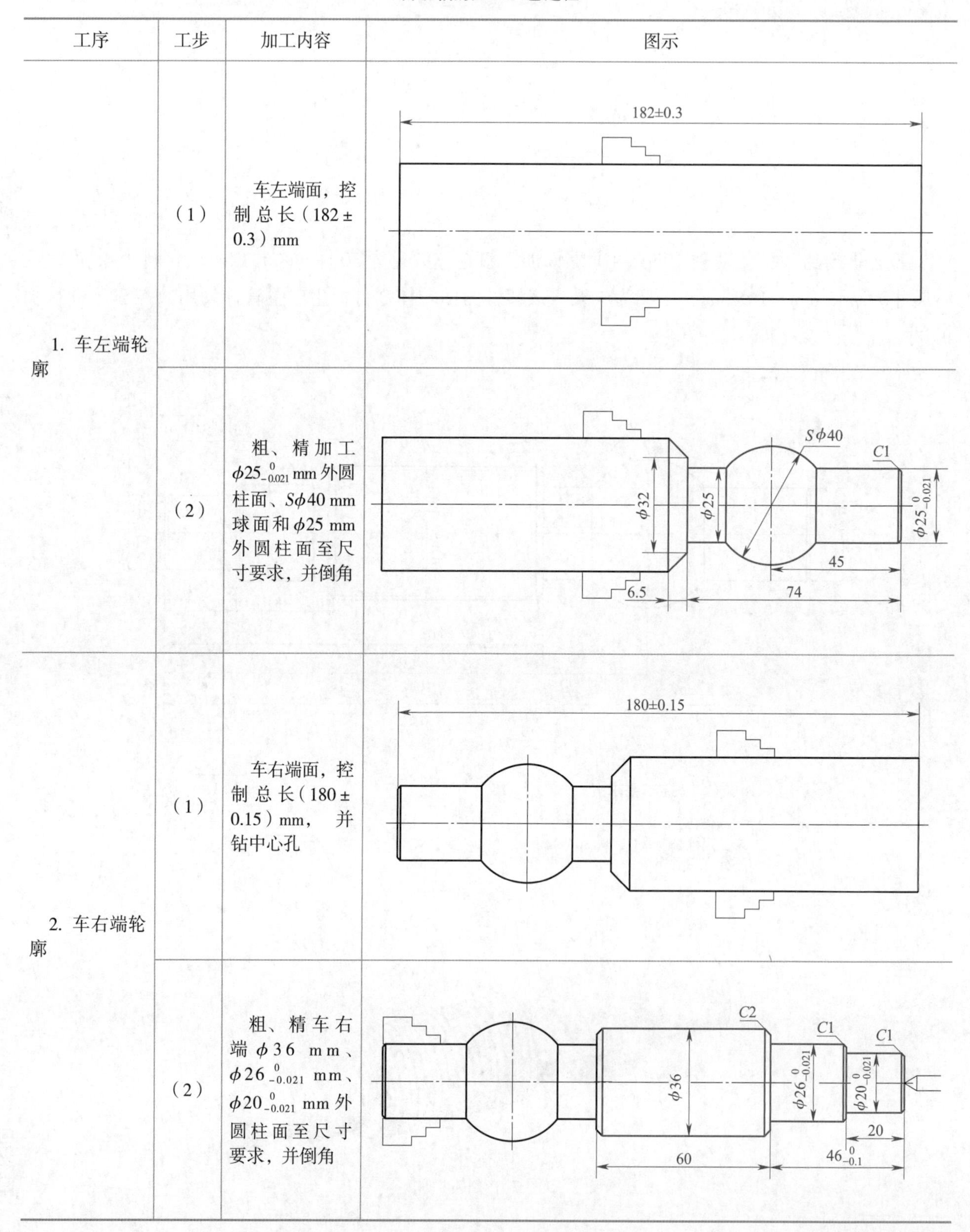

工序	工步	加工内容	图示
1. 车左端轮廓	（1）	车左端面，控制总长（182±0.3）mm	
	（2）	粗、精加工 $\phi25_{-0.021}^{0}$ mm 外圆柱面、$S\phi40$ mm 球面和 $\phi25$ mm 外圆柱面至尺寸要求，并倒角	
2. 车右端轮廓	（1）	车右端面，控制总长（180±0.15）mm，并钻中心孔	
	（2）	粗、精车右端 $\phi36$ mm、$\phi26_{-0.021}^{0}$ mm、$\phi20_{-0.021}^{0}$ mm 外圆柱面至尺寸要求，并倒角	

续表

工序	工步	加工内容	图示
3. 车退刀槽		车右端 4 mm × 1 mm 退刀槽，保证长度 $46_{-0.1}^{0}$ mm	4×1 $46_{-0.1}^{0}$
4. 车螺纹		车右端 M36 × 3-6g 螺纹至尺寸要求	M36×3-6g
5. 检验		按零件图样尺寸进行检验	

三、加工质量检测

表 7-2 为传动轴加工质量检测表。

表 7-2　　传动轴加工质量检测表

序号	检测项目	配分	检测内容及要求	评分标准	检测结果	得分
1	主要尺寸（50 分）	7	$\phi25_{-0.021}^{0}$ mm	超差不得分		
2		7	$\phi26_{-0.021}^{0}$ mm	超差不得分		
3		7	$\phi20_{-0.021}^{0}$ mm	超差不得分		
4		7	$\phi25$ mm	超差不得分		
5		7	$S\phi40$ mm	超差不得分		
6		8	M36 × 3-6g	超差不得分		
7		7	◎ $\phi0.03$ A	超差不得分		
8	次要尺寸（25 分）	5	20 mm	超差不得分		
9		5	$46_{-0.1}^{0}$ mm	超差不得分		
10		5	60 mm	超差不得分		

续表

序号	检测项目	配分	检测内容及要求	评分标准	检测结果	得分
11		5	135 mm	超差不得分		
12		5	（180 ± 0.15）mm	超差不得分		
13	槽（5分）	5	4 mm × 1 mm	超差不得分		
14	表面粗糙度（8分）	4 × 1	*Ra*1.6 μm（4处）	降级不得分		
15		8 × 0.5	*Ra*3.2 μm（8处）	降级不得分		
16	主观评分（9分）	3	已加工零件倒角、倒钝、去毛刺符合图样要求，否则不得分			
17		3	已加工零件无划伤、碰伤和夹伤，否则不得分			
18		3	已加工零件与图样外形一致，否则不得分			
19	更换或添加毛坯（3分）	3	更换或添加毛坯不得分			
20	职业素养	倒扣分	能正确穿戴工作服、工作鞋、安全帽和防护眼镜等个人防护用品。每违反一项，扣2分			
21			能规范使用设备、工具、量具和辅具。每违反操作规范一次，扣2分			
22			能做好设备清洁、保养工作。未清洁或未保养，扣3分；清洁或保养不彻底，扣2分			
总配分		100	总得分			

学习任务 8　固定套的数控车床加工

一、工作情境描述

某企业接到一批固定套（图 8-1）零件加工订单，数量为 30 件。来料加工，材料为 45 钢，毛坯尺寸为 ϕ55 mm × 72 mm，工期为 5 天。该零件为回转体零件，生产主管计划用数控车床进行加工。

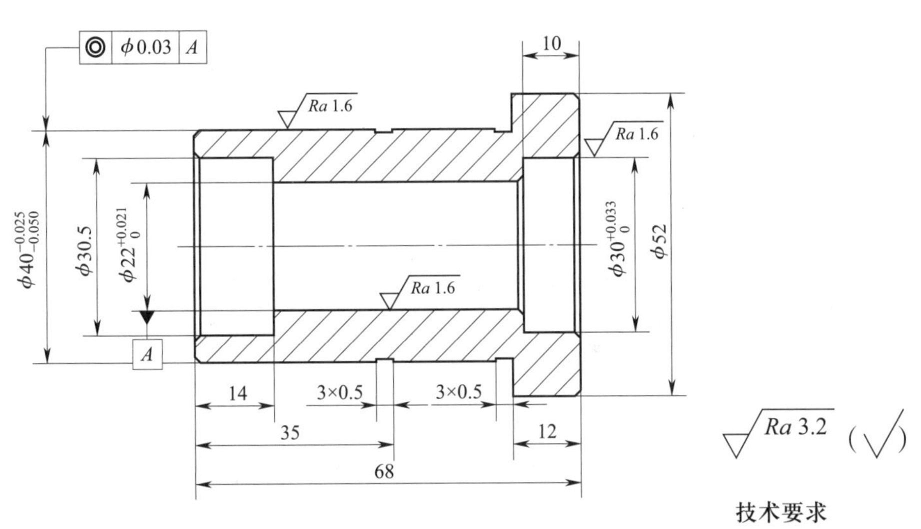

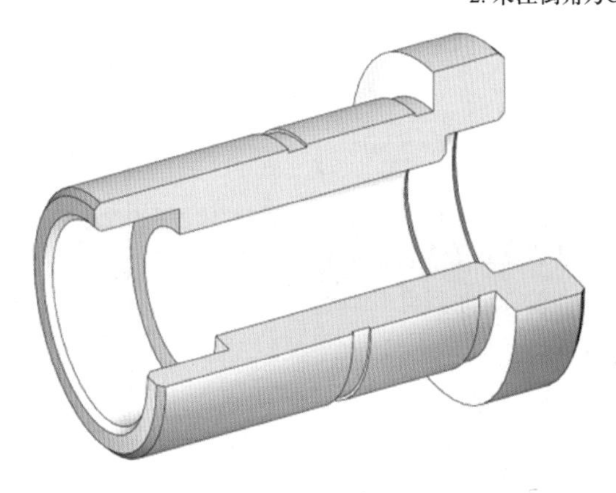

图 8-1　固定套

二、加工工艺过程

固定套的加工工艺过程见表 8-1。

表 8-1 固定套的加工工艺过程

工序	工步	加工内容	图示
1. 钻通孔		钻 ϕ20 mm 通孔	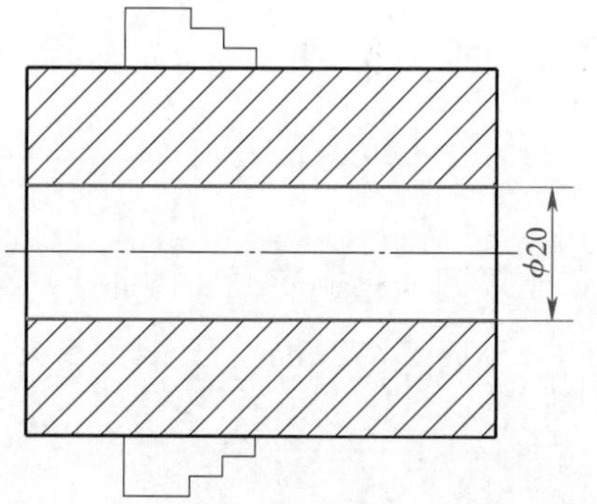 ϕ20
2. 车左端外轮廓	（1）	车左端面，控制工件长度为（70 ± 0.2）mm	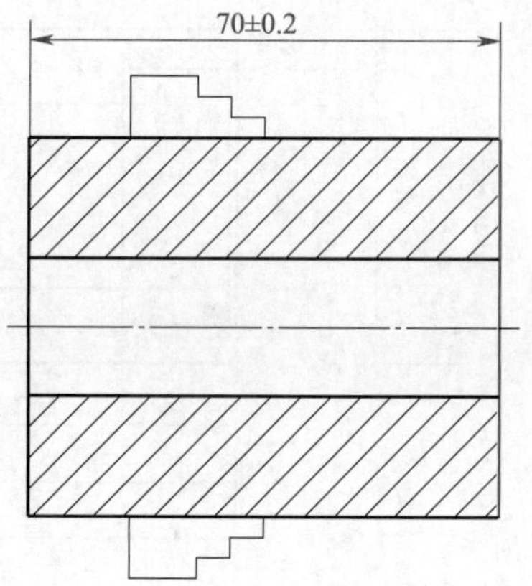 70±0.2
	（2）	粗、精车 $\phi 40_{-0.050}^{-0.025}$ mm 外圆柱面至尺寸要求，并倒角	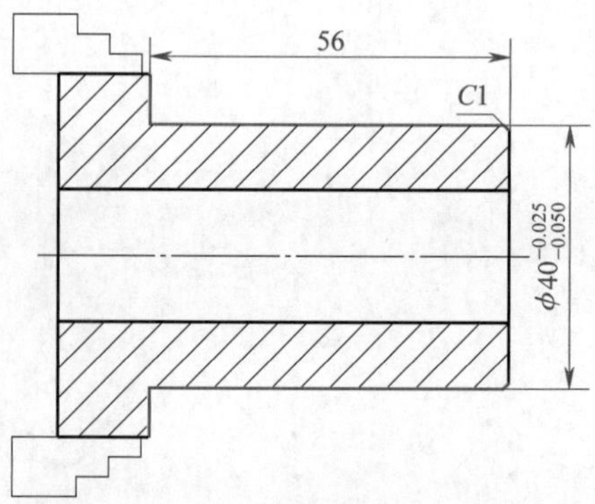 56 C1 $\phi 40_{-0.050}^{-0.025}$

续表

工序	工步	加工内容	图示
3. 车槽		采用3 mm宽的车槽刀加工两个3 mm×0.5 mm的槽	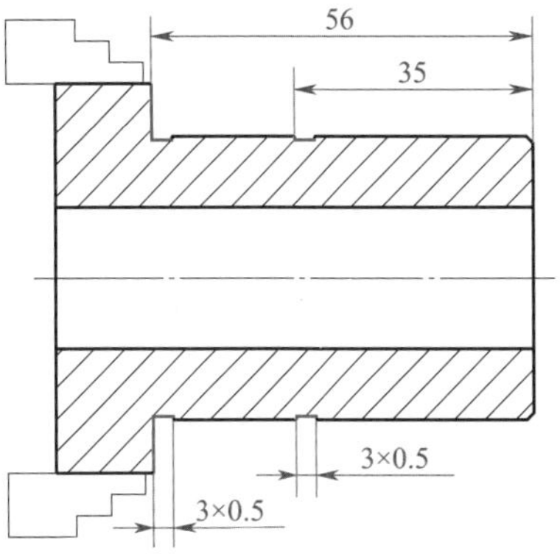 56 35 3×0.5 3×0.5
4. 车左端内孔		粗、精车左端ϕ30.5 mm和$\phi22^{+0.021}_{0}$ mm内孔至尺寸要求，并倒角	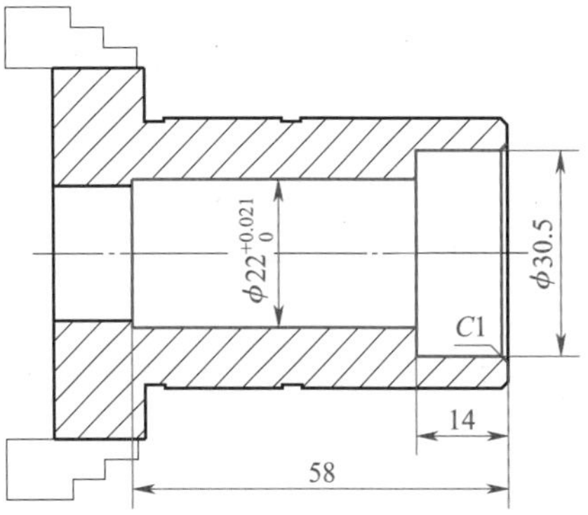 $\phi22^{+0.021}_{0}$ ϕ30.5 C1 14 58
5. 车右端面及外轮廓	（1）	车右端面，控制总长68 mm	68
	（2）	车右端ϕ52 mm外圆柱面至尺寸要求，并倒角	C1 ϕ52

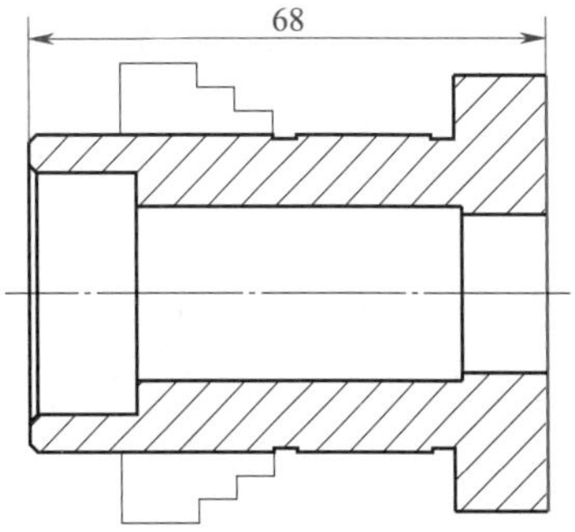

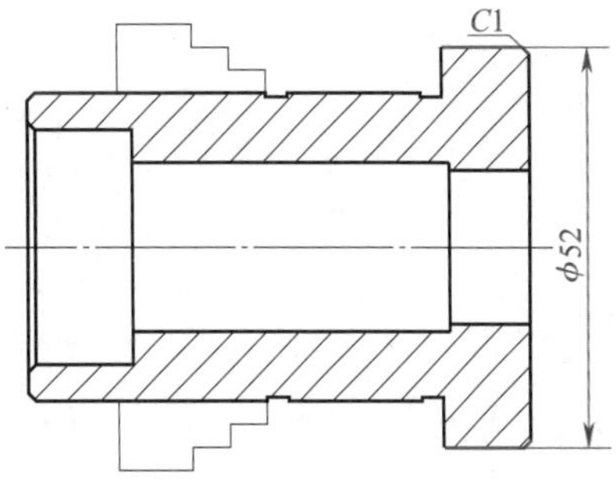

续表

工序	工步	加工内容	图示
6. 车右端内孔		车右端 $\phi30^{+0.033}_{0}$ mm 内孔至尺寸要求，并倒角	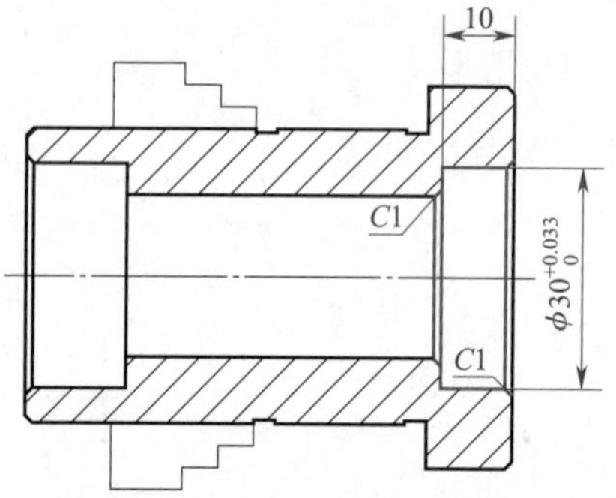
7. 检验		按零件图样尺寸进行检验	

三、加工质量检测

表 8–2 为固定套加工质量检测表。

表 8–2　　固定套加工质量检测表

序号	检测项目	配分	检测内容及要求	评分标准	检测结果	得分
1	主要尺寸（47 分）	8	$\phi40^{-0.025}_{-0.050}$ mm	超差不得分		
2		8	$\phi22^{+0.021}_{0}$ mm	超差不得分		
3		7	$\phi30.5$ mm	超差不得分		
4		8	$\phi30^{+0.033}_{0}$ mm	超差不得分		
5		8	$\phi52$ mm	超差不得分		
6		8	◎ $\phi0.03$ A	超差不得分		
7	次要尺寸（25 分）	5	12 mm	超差不得分		
8		5	14 mm	超差不得分		
9		5	10 mm	超差不得分		
10		5	35 mm	超差不得分		
11		5	68 mm	超差不得分		
12	槽（8 分）	2 × 4	3 mm × 0.5 mm（2 处）	超差不得分		
13	表面粗糙度（8 分）	3 × 1	*Ra*1.6 μm（3 处）	降级不得分		
14		10 × 0.5	*Ra*3.2 μm（10 处）	降级不得分		

续表

序号	检测项目	配分	检测内容及要求	评分标准	检测结果	得分
15	主观评分（9 分）	3	已加工零件倒角、去毛刺符合图样要求，否则不得分			
16		3	已加工零件无划伤、碰伤和夹伤，否则不得分			
17		3	已加工零件与图样外形一致，否则不得分			
18	更换或添加毛坯（3 分）	3	更换或添加毛坯不得分			
19	职业素养	倒扣分	能正确穿戴工作服、工作鞋、安全帽和防护眼镜等个人防护用品。每违反一项，扣 2 分			
20			能规范使用设备、工具、量具和辅具。每违反操作规范一次，扣 2 分			
21			能做好设备清洁、保养工作。未清洁或未保养，扣 3 分；清洁或保养不彻底，扣 2 分			
总配分		100	总得分			

学习任务 9 活塞杆的数控车床加工

一、工作情境描述

某企业接到一批活塞杆（图 9–1）零件加工订单，数量为 30 件。来料加工，材料为 45 钢，毛坯尺寸 ϕ45 mm × 105 mm，工期为 5 天。该零件为回转体零件，生产主管计划用数控车床进行加工。

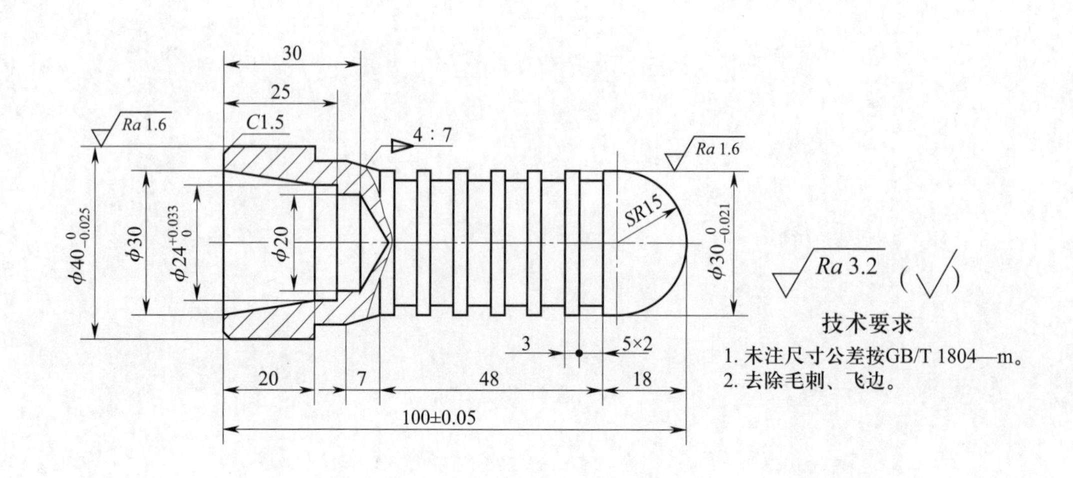

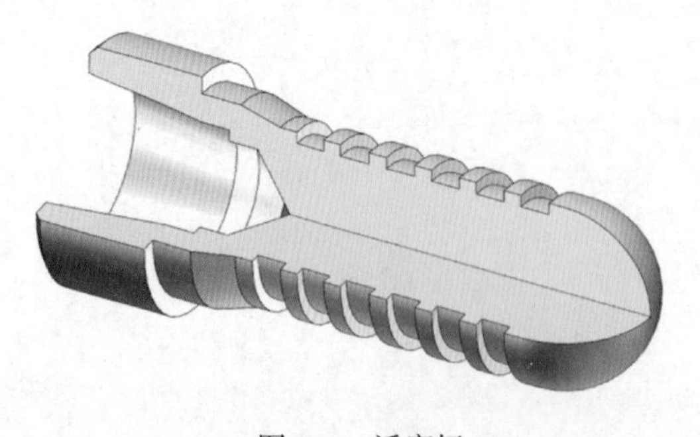

图 9–1　活塞杆

二、加工工艺过程

活塞杆的加工工艺过程见表 9–1。

表 9–1　　活塞杆的加工工艺过程

工序	工步	加工内容	图示
1. 钻孔		钻 ϕ20 mm 孔，深度为（37 ± 0.2）mm	37±0.2 ϕ20
2. 车右端外轮廓	（1）	车右端面，控制工件长度为（102 ± 0.2）mm	102±0.2
	（2）	粗、精车 *SR*15 mm 半球面、$\phi30_{-0.021}^{0}$ mm 外圆柱面、4∶7 圆锥面、ϕ34 mm 外圆柱面至尺寸要求	4∶7 *SR*15 (ϕ34) $\phi30_{-0.021}^{0}$ 7 66 80
3. 车 6 个 5 mm × 2 mm 槽		采用 3 mm 宽的车槽刀车 6 个 5 mm × 2 mm 槽	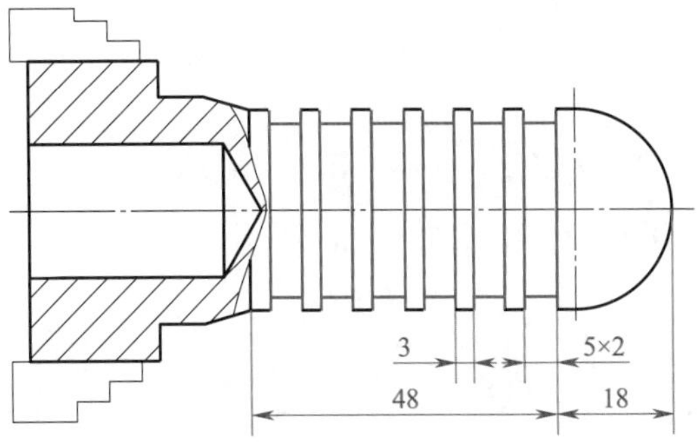 3 5×2 48 18

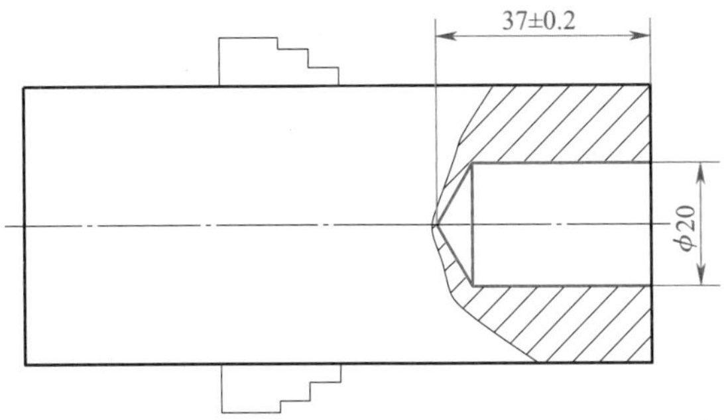

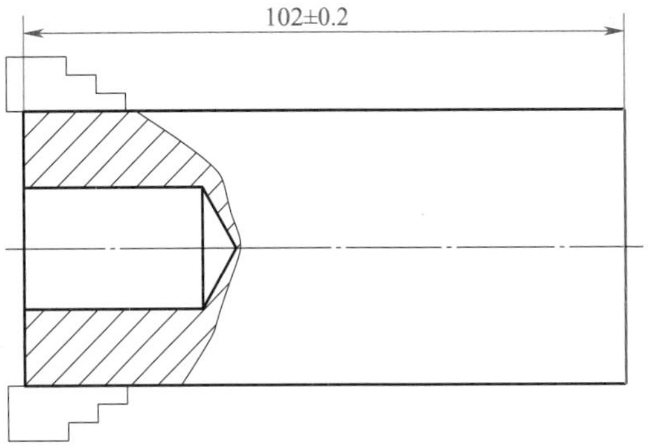

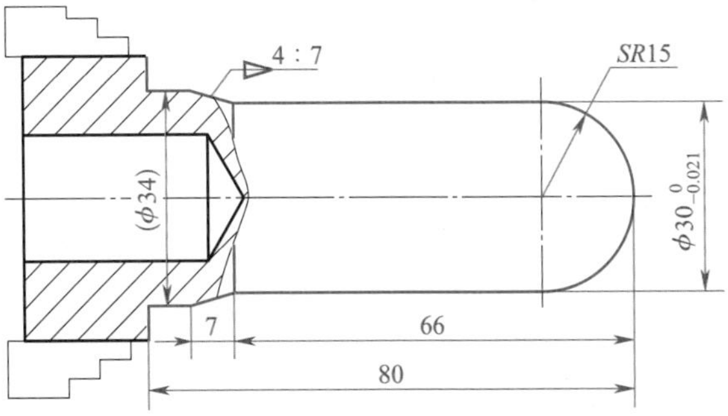

续表

工序	工步	加工内容	图示
4. 车左端外轮廓	（1）	车左端面，控制总长（100 ± 0.05）mm	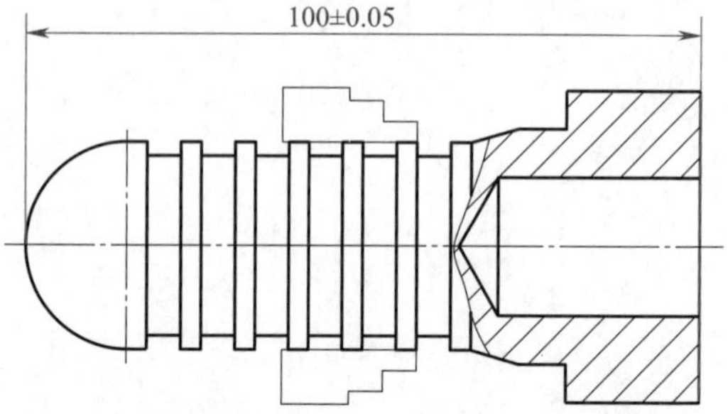 100±0.05
	（2）	车左端 $\phi 40_{-0.025}^{0}$ mm 外圆柱面，并倒角	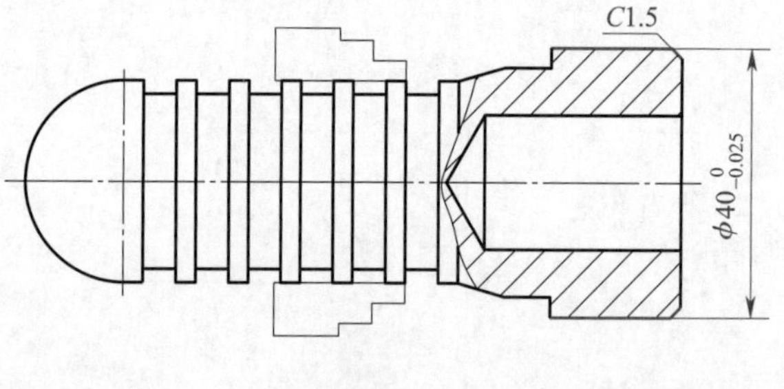 C1.5；$\phi 40_{-0.025}^{0}$
5. 车左端内孔		粗、精车左端锥孔和 $\phi 24_{0}^{+0.033}$ mm 圆柱孔至尺寸要求	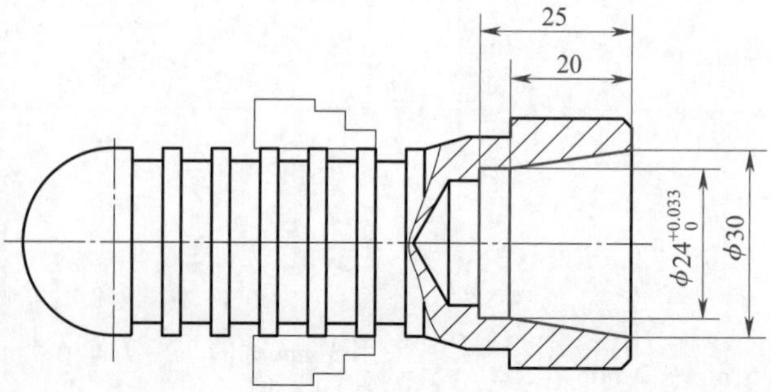 25；20；$\phi 24_{0}^{+0.033}$；$\phi 30$
6. 检验		按零件图样尺寸进行检验	

三、加工质量检测

表 9–2 为活塞杆加工质量检测表。

表 9–2　　活塞杆加工质量检测表

序号	检测项目	配分	检测内容及要求	评分标准	检测结果	得分
1	主要尺寸（43 分）	8	$\phi30_{-0.021}^{0}$ mm	超差不得分		
2		7	$\phi40_{-0.025}^{0}$ mm	超差不得分		
3		7	锥度 4 : 7	超差不得分		
4		7	$\phi24_{0}^{+0.033}$ mm	超差不得分		
5		7	$\phi30$ mm（内锥大端直径）	超差不得分		
6		7	$SR15$ mm	超差不得分		
7	次要尺寸（25 分）	4	3 mm	超差不得分		
8		4	18 mm	超差不得分		
9		4	48 mm	超差不得分		
10		4	7 mm	超差不得分		
11		4	20 mm	超差不得分		
12		5	（100 ± 0.05）mm	超差不得分		
13	槽（12 分）	6 × 2	5 mm × 2 mm（6 处）	超差不得分		
14	表面粗糙度（8 分）	2 × 1	$Ra1.6$ μm（2 处）	降级不得分		
15		12 × 0.5	$Ra3.2$ μm（12 处）	降级不得分		
16	主观评分（9 分）	3	已加工零件倒角、去毛刺符合图样要求，否则不得分			
17		3	已加工零件无划伤、碰伤和夹伤，否则不得分			
18		3	已加工零件与图样外形一致，否则不得分			
19	更换或添加毛坯（3 分）	3	更换或添加毛坯不得分			
20	职业素养	倒扣分	能正确穿戴工作服、工作鞋、安全帽和防护眼镜等个人防护用品。每违反一项，扣 2 分			
21			能规范使用设备、工具、量具和辅具。每违反操作规范一次，扣 2 分			
22			能做好设备清洁、保养工作。未清洁或未保养，扣 3 分；清洁或保养不彻底，扣 2 分			
总配分		100	总得分			

学习任务10　宽槽轴的数控车床加工

一、工作情境描述

某企业接到一批宽槽轴（图 10–1）零件加工订单，数量为 30 件。来料加工，材料为 45 钢，毛坯尺寸为 ϕ42 mm × 75 mm，工期为 5 天。该零件为回转体零件，生产主管计划用数控车床进行加工。

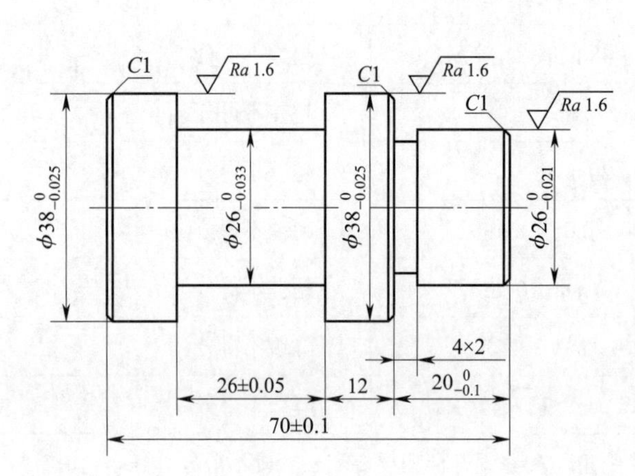

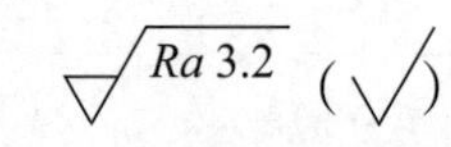

技术要求

1. 倒钝锐边。
2. 未注尺寸公差按GB/T 1804—m。

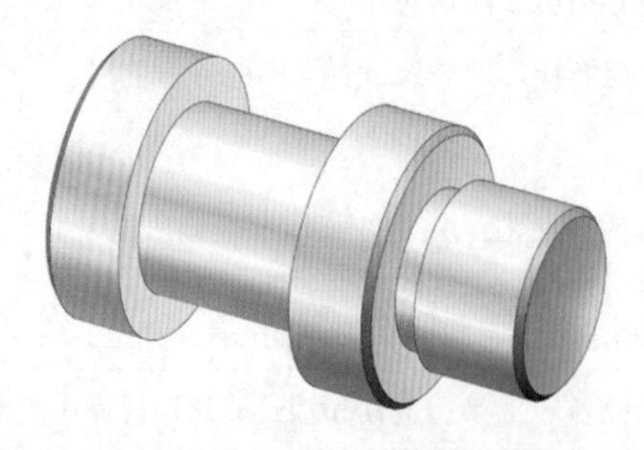

图 10–1　宽槽轴

二、加工工艺过程

宽槽轴的加工工艺过程见表 10–1。

表 10-1　　宽槽轴的加工工艺过程

工序	工步	加工内容	图示
1. 车右端轮廓	（1）	车右端面，控制总长（72 ± 0.2）mm	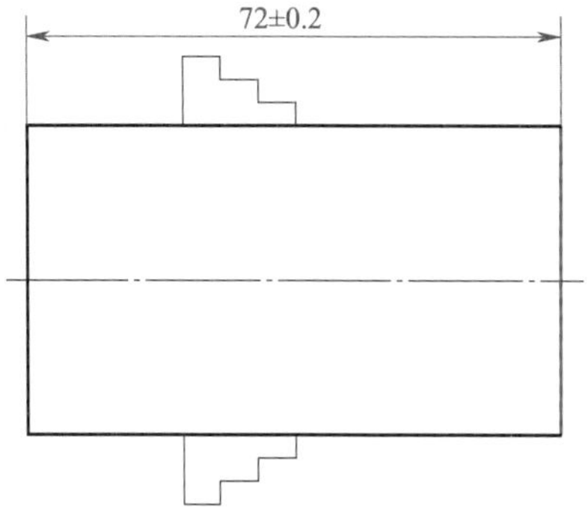 72±0.2
	（2）	粗、精车 $\phi 26_{-0.021}^{\ 0}$ mm 外圆柱面至尺寸要求，并倒角	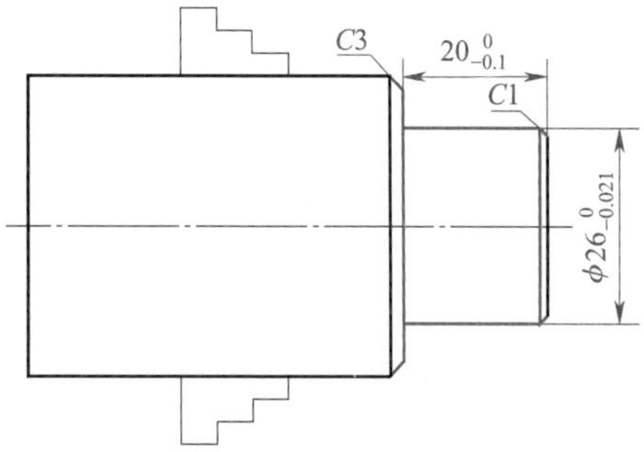 C3　$20_{-0.1}^{\ 0}$　C1　$\phi 26_{-0.021}^{\ 0}$
2. 车 4 mm × 2 mm 槽		采用 4 mm 宽的车槽刀车 4 mm × 2 mm 槽	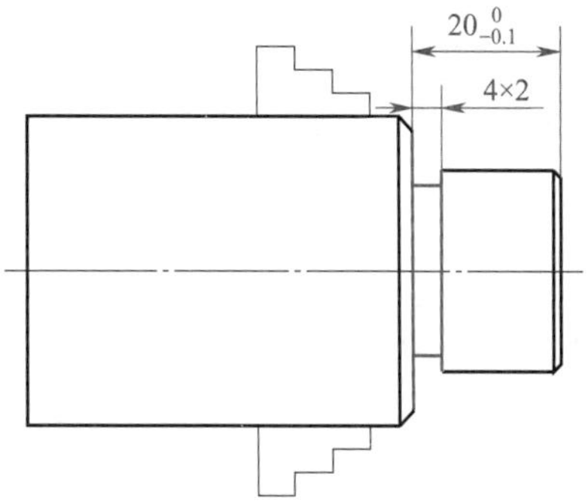 $20_{-0.1}^{\ 0}$　4×2
3. 车左端轮廓	（1）	车左端面，控制总长（70 ± 0.1）mm，并钻中心孔	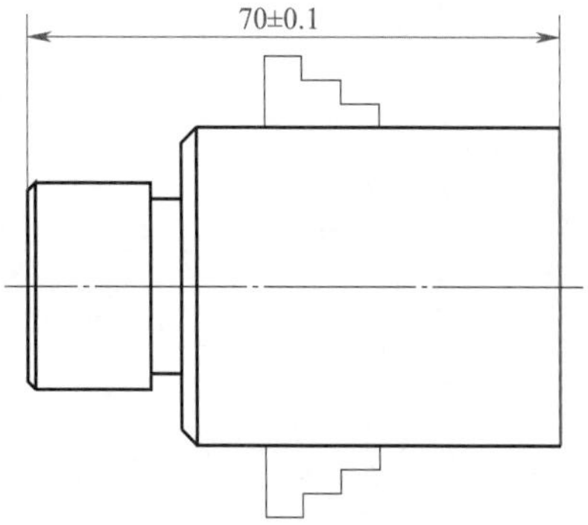 70±0.1

续表

工序	工步	加工内容	图示
3. 车左端轮廓	（2）	车左端 $\phi38_{-0.025}^{\ 0}$ mm 外圆柱面，并倒角	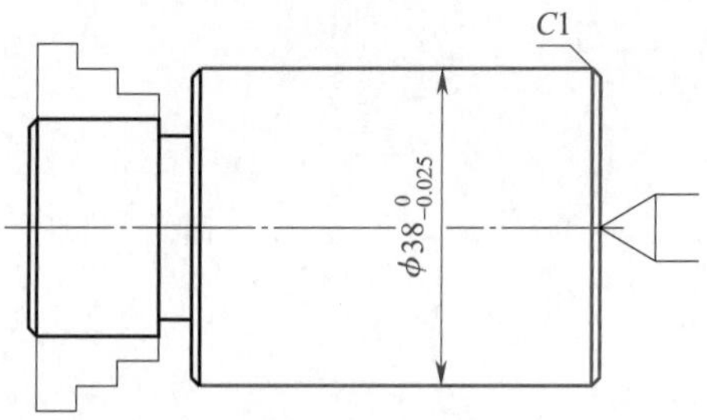 C1 $\phi38_{-0.025}^{\ 0}$
4. 车宽槽		粗、精车 $\phi26_{-0.033}^{\ 0}$ mm ×（26 ± 0.05）mm 宽槽至尺寸要求	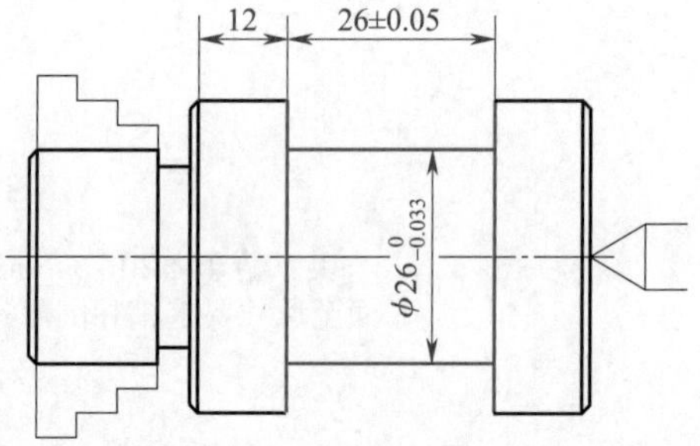 12　26±0.05 $\phi26_{-0.033}^{\ 0}$
5. 检验		按零件图样尺寸进行检验	

三、加工质量检测

表 10–2 为宽槽轴加工质量检测表。

表 10–2 宽槽轴加工质量检测表

序号	检测项目	配分	检测内容及要求	评分标准	检测结果	得分
1	主要尺寸（40 分）	2 × 10	$\phi38_{-0.025}^{\ 0}$ mm（2 处）	超差不得分		
2		10	$\phi26_{-0.033}^{\ 0}$ mm	超差不得分		
3		10	$\phi26_{-0.021}^{\ 0}$ mm	超差不得分		
4	次要尺寸（32 分）	7	12 mm	超差不得分		
5		8	$20_{-0.1}^{\ 0}$ mm	超差不得分		
6		7	（26 ± 0.05）mm	超差不得分		
7		7	（70 ± 0.1）mm	超差不得分		
8		3 × 1	C1 mm（3 处）	超差不得分		
9	槽（6 分）	6	4 mm × 2 mm	超差不得分		

续表

序号	检测项目	配分	检测内容及要求	评分标准	检测结果	得分
10	表面粗糙度（10分）	3×2	*Ra*1.6 μm（3处）	降级不得分		
11		8×0.5	*Ra*3.2 μm（8处）	降级不得分		
12	主观评分（9分）	3	已加工零件倒角、倒钝、去毛刺符合图样要求，否则不得分			
13		3	已加工零件无划伤、碰伤和夹伤，否则不得分			
14		3	已加工零件与图样外形一致，否则不得分			
15	更换或添加毛坯（3分）	3	更换或添加毛坯不得分			
16	职业素养	倒扣分	能正确穿戴工作服、工作鞋、安全帽和防护眼镜等个人防护用品。每违反一项，扣2分			
17			能规范使用设备、工具、量具和辅具。每违反操作规范一次，扣2分			
18			能做好设备清洁、保养工作。未清洁或未保养，扣3分；清洁或保养不彻底，扣2分			
总配分		100	总得分			

学习任务 11　薄壁套的数控车床加工

一、工作情境描述

某企业接到一批薄壁套（图 11-1）零件加工订单，数量为 30 件。来料加工，材料为 45 钢，毛坯尺寸为 ϕ42 mm × 65 mm，工期为 5 天。该零件为回转体零件，生产主管计划用数控车床进行加工。

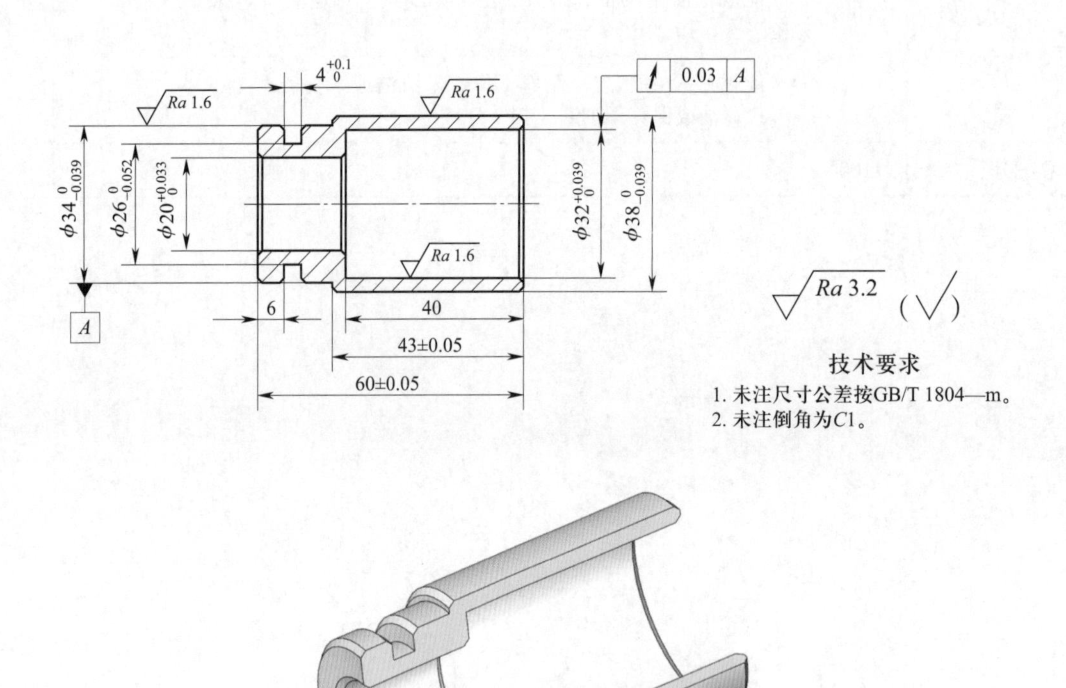

图 11-1　薄壁套

二、加工工艺过程

薄壁套的加工工艺过程见表 11-1。

表 11-1　　**薄壁套的加工工艺过程**

工序	工步	加工内容	图示
1. 钻通孔		钻 $\phi18$ mm 通孔	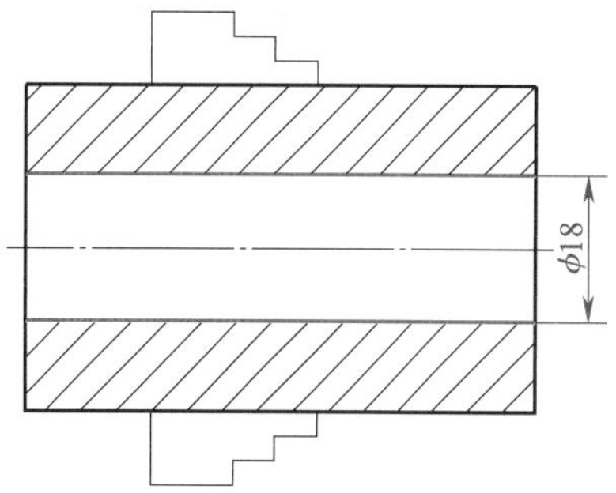
2. 车左端外轮廓	（1）	车左端面，控制工件长度为（62 ± 0.2）mm	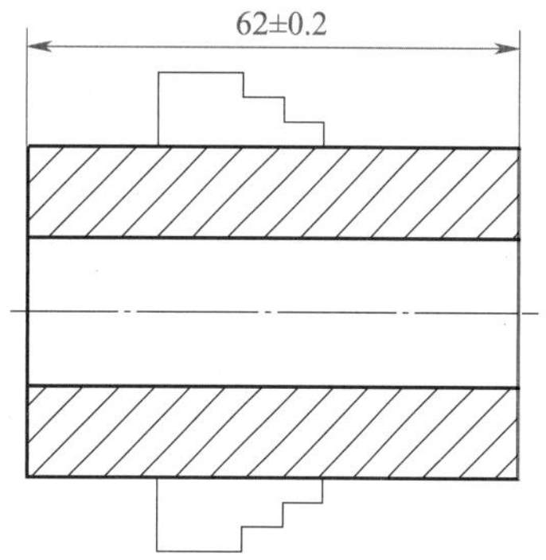
	（2）	粗、精车 $\phi34_{-0.039}^{0}$ mm 外圆柱面至尺寸要求，并倒角	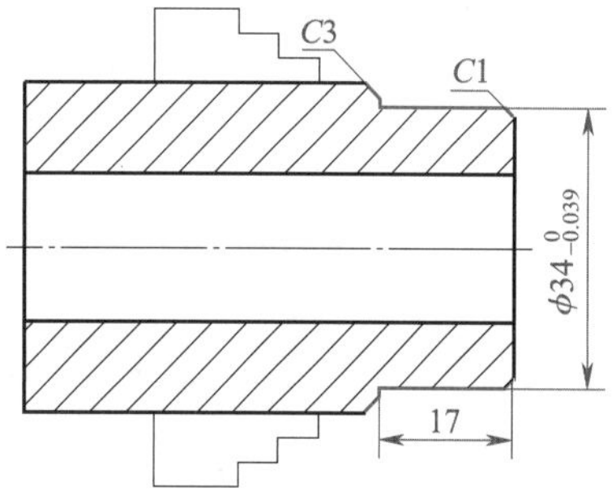
3. 车单槽		采用 3 mm 宽的车槽刀车 $4_{0}^{+0.1}$ mm × $\phi26_{-0.052}^{0}$ mm 槽，并倒角	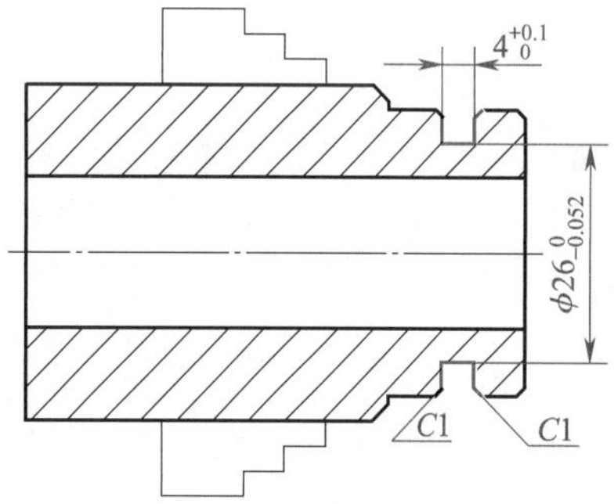

续表

工序	工步	加工内容	图示
4. 车左端内孔		粗、精车左端 $\phi20^{+0.033}_{0}$ mm 内孔至尺寸要求，并倒角	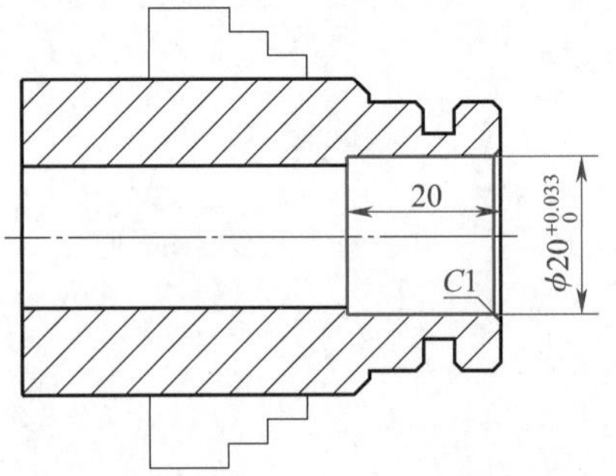
5. 车右端外轮廓	（1）	车右端面，控制总长（60 ± 0.05）mm	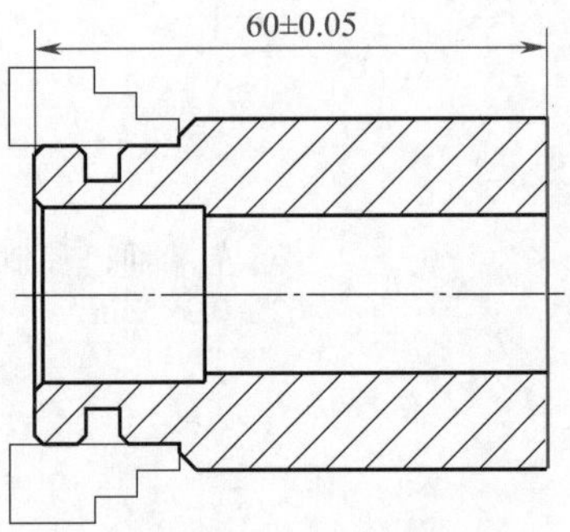
	（2）	车右端 $\phi38^{0}_{-0.039}$ mm 外圆柱面，并倒角	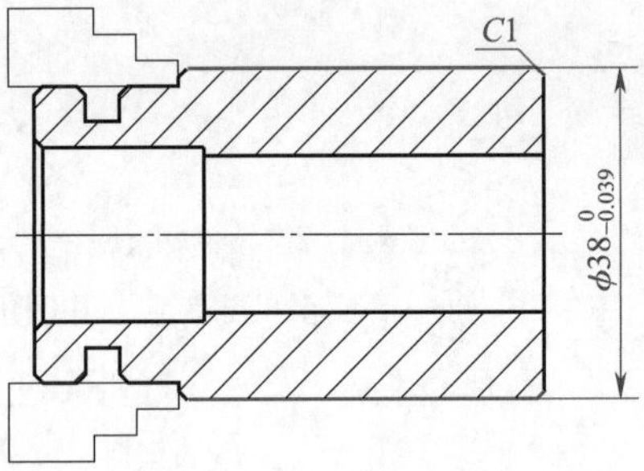
6. 车右端内孔		粗、精车右端 $\phi32^{+0.039}_{0}$ mm 内孔至尺寸要求，并倒角	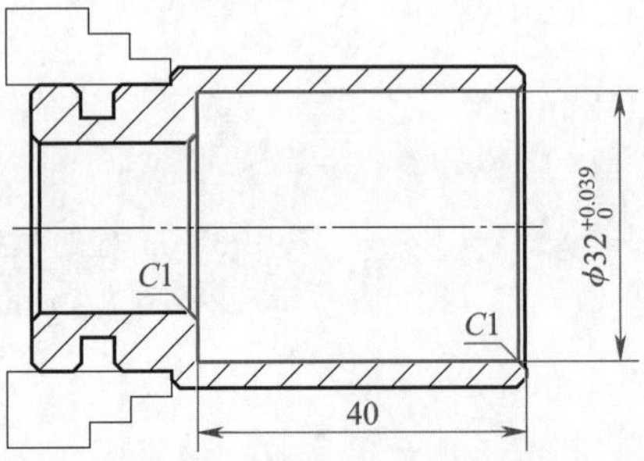
7. 检验		按零件图样尺寸进行检验	

三、加工质量检测

表 11–2 为薄壁套加工质量检测表。

表 11–2　　薄壁套加工质量检测表

序号	检测项目	配分	检测内容及要求	评分标准	检测结果	得分
1	主要尺寸（50 分）	8	$\phi34_{-0.039}^{\ 0}$ mm	超差不得分		
2		8	$\phi38_{-0.039}^{\ 0}$ mm	超差不得分		
3		8	$\phi20_{\ 0}^{+0.033}$ mm	超差不得分		
4		8	$\phi32_{\ 0}^{+0.039}$ mm	超差不得分		
5		8	↗ 0.03 A	超差不得分		
6		10	$4_{\ 0}^{+0.1}$ mm × $\phi26_{-0.052}^{\ 0}$ mm	超差不得分		
7	次要尺寸（28 分）	7	6 mm	超差不得分		
8		7	40 mm	超差不得分		
9		7	（43 ± 0.05）mm	超差不得分		
10		7	（60 ± 0.05）mm	超差不得分		
11	表面粗糙度（10 分）	3 × 2	*Ra*1.6 μm（3 处）	降级不得分		
12		8 × 0.5	*Ra*3.2 μm（8 处）	降级不得分		
13	主观评分（9 分）	3	已加工零件倒角、去毛刺符合图样要求，否则不得分			
14		3	已加工零件无划伤、碰伤和夹伤，否则不得分			
15		3	已加工零件与图样外形一致，否则不得分			
16	更换或添加毛坯（3 分）	3	更换或添加毛坯不得分			
17	职业素养	倒扣分	能正确穿戴工作服、工作鞋、安全帽和防护眼镜等个人防护用品。每违反一项，扣 2 分			
18			能规范使用设备、工具、量具和辅具。每违反操作规范一次，扣 2 分			
19			能做好设备清洁、保养工作。未清洁或未保养，扣 3 分；清洁或保养不彻底，扣 2 分			
总配分		100	总得分			

学习任务12　球头手柄的数控车床加工

一、工作情境描述

某企业接到一批球头手柄（图 12–1）零件加工订单，数量为 30 件。来料加工，材料为 45 钢，毛坯尺寸为 ϕ50 mm × 96 mm，工期为 5 天。该零件为回转体零件，生产主管计划用数控车床进行加工。

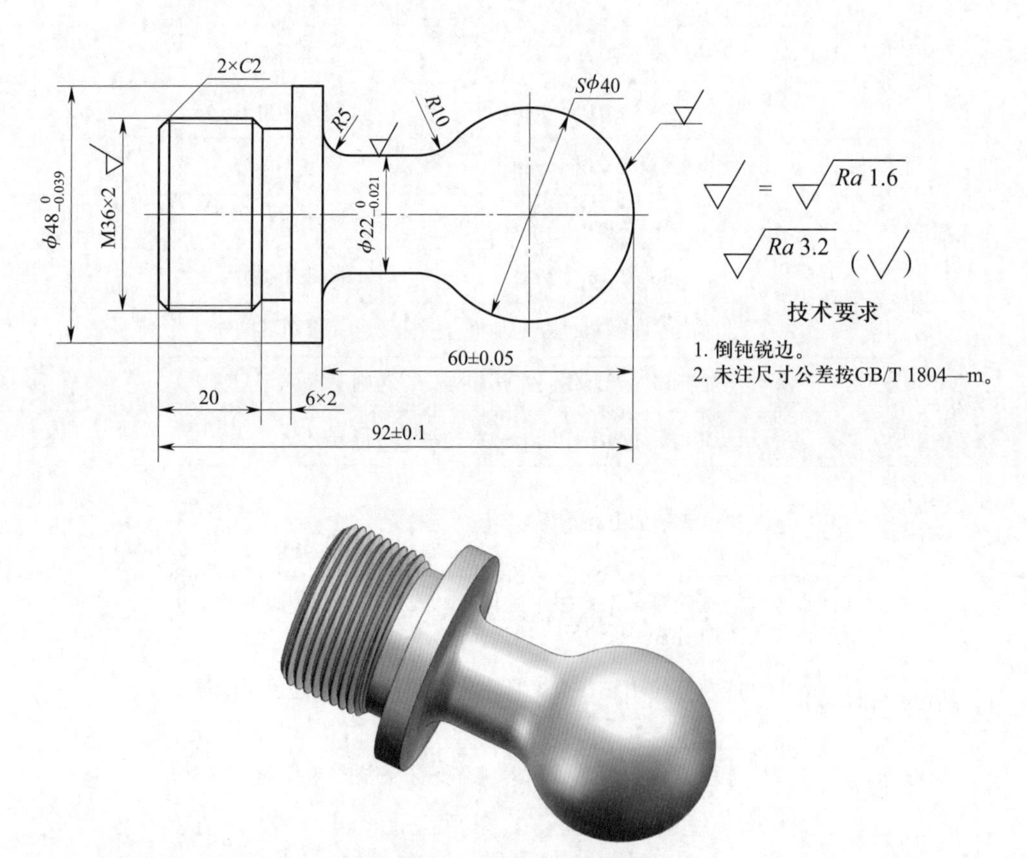

图 12–1　球头手柄

二、加工工艺过程

球头手柄的加工工艺过程见表 12–1。

表 12–1　　球头手柄的加工工艺过程

工序	工步	加工内容	图示
1. 车左端外轮廓	(1)	车左端面，控制工件长度为（94 ± 0.2）mm	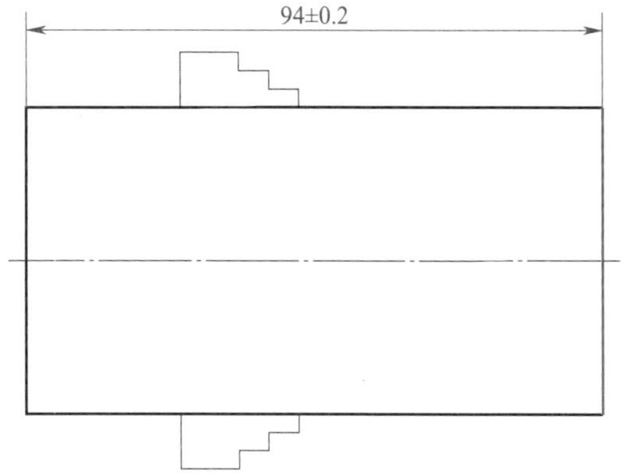 94±0.2
	(2)	粗、精车 M36 × 2 螺纹大径和 $\phi 48_{-0.039}^{0}$ mm 外圆柱面至尺寸要求，并倒角	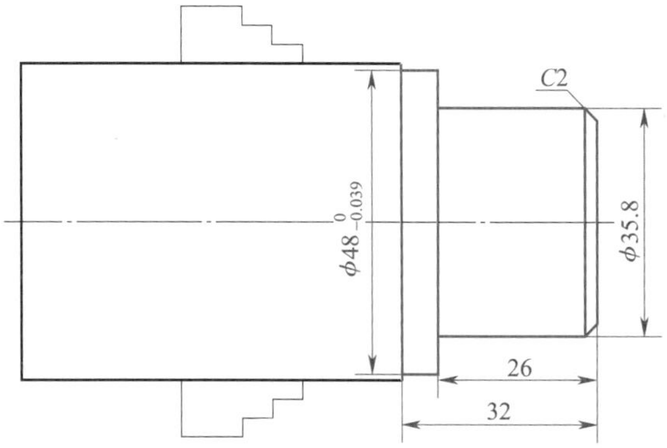 C2 $\phi 48_{-0.039}^{0}$ $\phi 35.8$ 26 32
2. 车螺纹退刀槽		粗、精车 6 mm × 2 mm 螺纹退刀槽至尺寸要求，并倒角	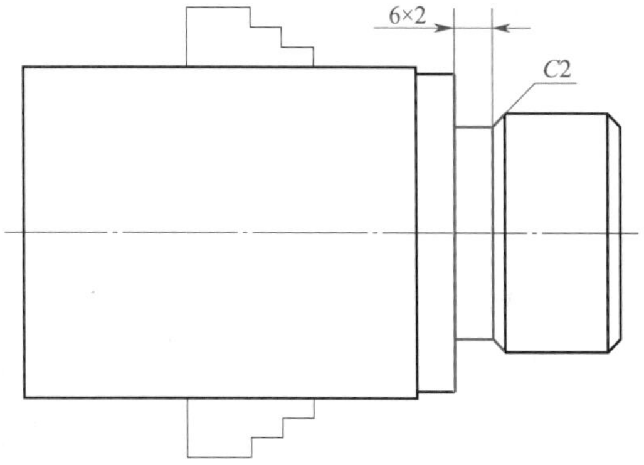 6×2 C2
3. 车螺纹		粗、精车 M36 × 2 螺纹至尺寸要求	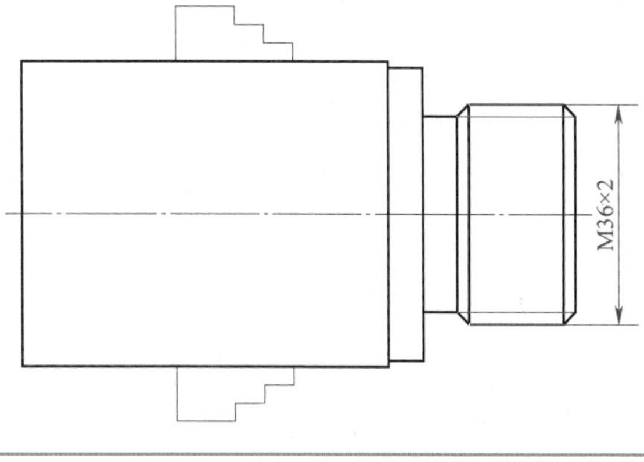 M36×2

续表

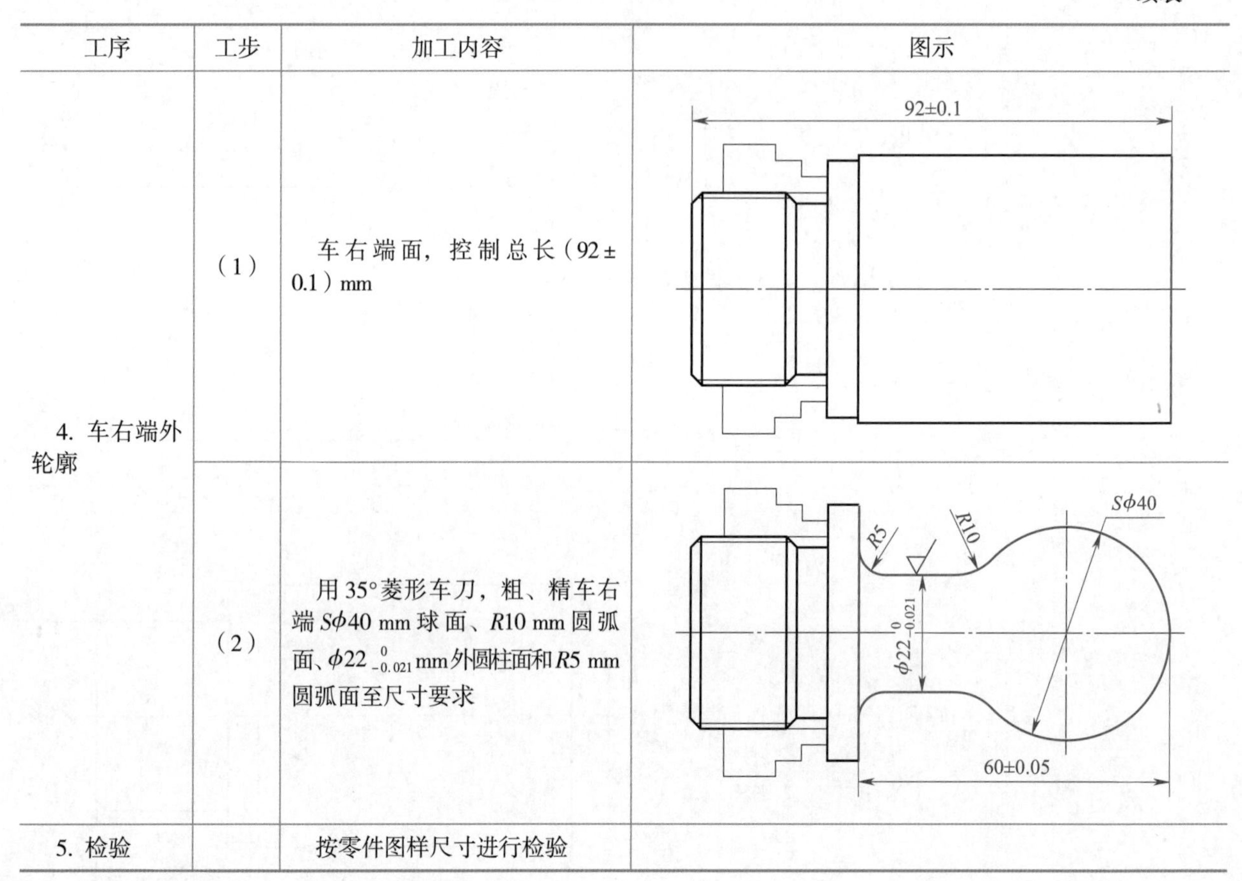

工序	工步	加工内容	图示
4. 车右端外轮廓	（1）	车右端面，控制总长（92 ± 0.1）mm	
	（2）	用 35° 菱形车刀，粗、精车右端 $S\phi40$ mm 球面、$R10$ mm 圆弧面、$\phi22_{-0.021}^{0}$ mm 外圆柱面和 $R5$ mm 圆弧面至尺寸要求	
5. 检验		按零件图样尺寸进行检验	

三、加工质量检测

表 12–2 为球头手柄加工质量检测表。

表 12–2　　球头手柄加工质量检测表

序号	检测项目	配分	检测内容及要求	评分标准	检测结果	得分
1	主要尺寸（50 分）	8	$\phi22_{-0.021}^{0}$ mm	超差不得分		
2		8	$\phi48_{-0.039}^{0}$ mm	超差不得分		
3		8	$S\phi40$ mm	超差不得分		
4		8	$R5$ mm	超差不得分		
5		8	$R10$ mm	超差不得分		
6		10	M36 × 2	超差不得分		
7	次要尺寸（23 分）	7	20 mm	超差不得分		
8		8	（60 ± 0.05）mm	超差不得分		
9		8	（92 ± 0.1）mm	超差不得分		
10	槽（9 分）	9	6 mm × 2 mm	超差不得分		

续表

序号	检测项目	配分	检测内容及要求	评分标准	检测结果	得分
11	表面粗糙度（6 分）	3 × 1	Ra1.6 μm（3 处）	降级不得分		
12		6 × 0.5	Ra3.2 μm（6 处）	降级不得分		
13	主观评分（9 分）	3	已加工零件倒角、倒钝、去毛刺符合图样要求，否则不得分			
14		3	已加工零件无划伤、碰伤和夹伤，否则不得分			
15		3	已加工零件与图样外形一致，否则不得分			
16	更换或添加毛坯（3 分）	3	更换或添加毛坯不得分			
17	职业素养	倒扣分	能正确穿戴工作服、工作鞋、安全帽和防护眼镜等个人防护用品。每违反一项，扣 2 分			
18			能规范使用设备、工具、量具和辅具。每违反操作规范一次，扣 2 分			
19			能做好设备清洁、保养工作。未清洁或未保养，扣 3 分；清洁或保养不彻底，扣 2 分			
总配分		100	总得分			

学习任务13　曲面螺纹轴的数控车床加工

一、工作情境描述

某企业接到一批曲面螺纹轴（图 13–1）零件加工订单，数量为 30 件。来料加工，材料为 45 钢，毛坯尺寸为 ϕ52 mm × 105 mm，工期为 5 天。该零件为回转体零件，生产主管计划用数控车床进行加工。

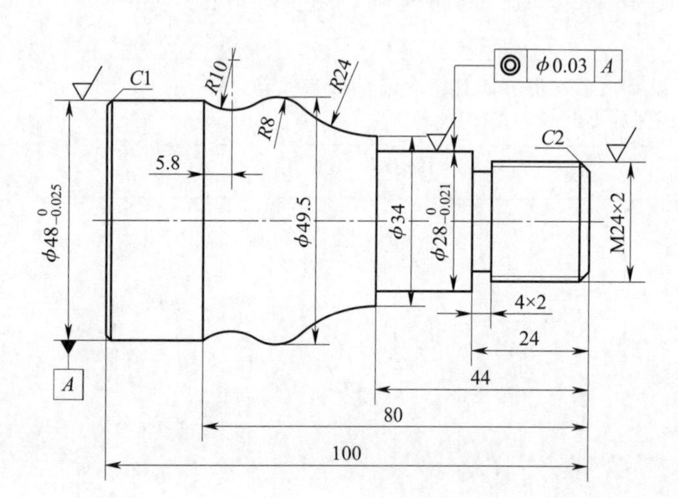

√ = √Ra 1.6

√Ra 3.2 （√）

技术要求

1. 倒钝锐边。
2. 未注尺寸公差按GB/T 1804—m。

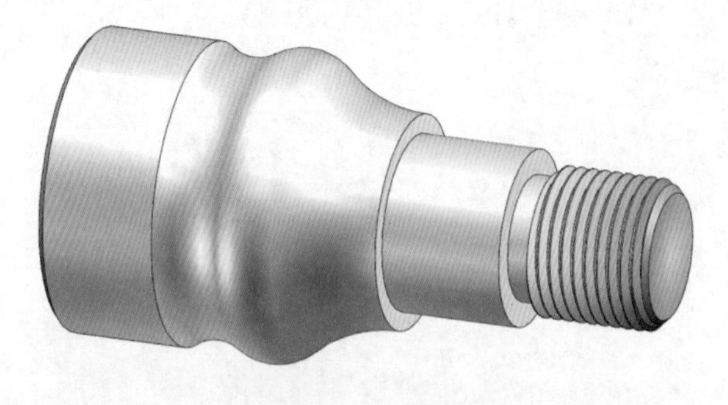

图 13–1　曲面螺纹轴

二、加工工艺过程

曲面螺纹轴的加工工艺过程见表 13–1。

表 13–1　　曲面螺纹轴的加工工艺过程

工序	工步	加工内容	图示
1. 车左端外轮廓	（1）	车左端面，控制工件长度为（102 ± 0.2）mm	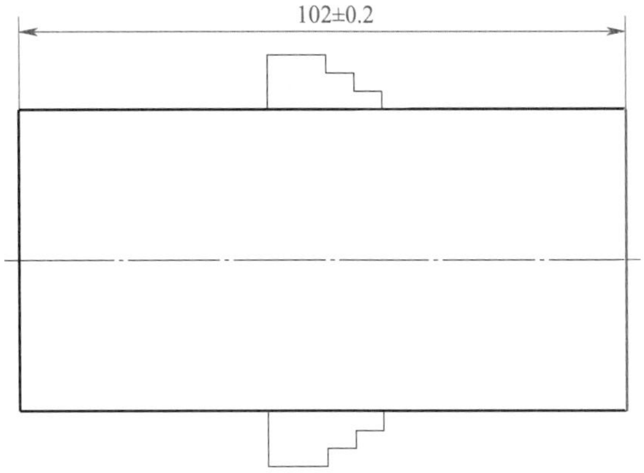 102±0.2
	（2）	粗、精车 $\phi48_{-0.025}^{0}$ mm 外圆柱面至尺寸要求，并倒角	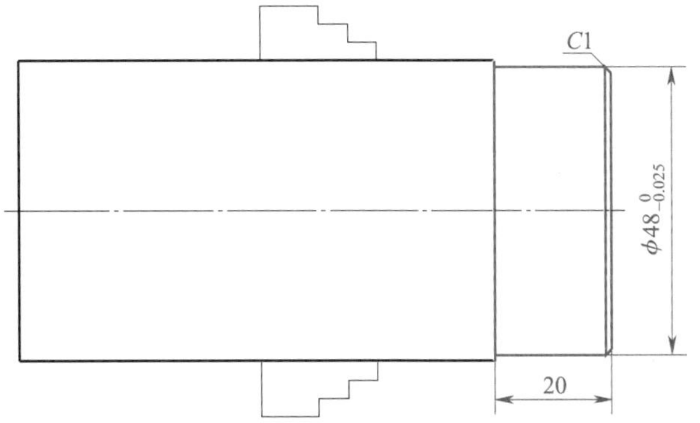 C1 $\phi48_{-0.025}^{0}$ 20
2. 车右端外轮廓	（1）	车右端面，控制工件长度为 100 mm，并钻中心孔	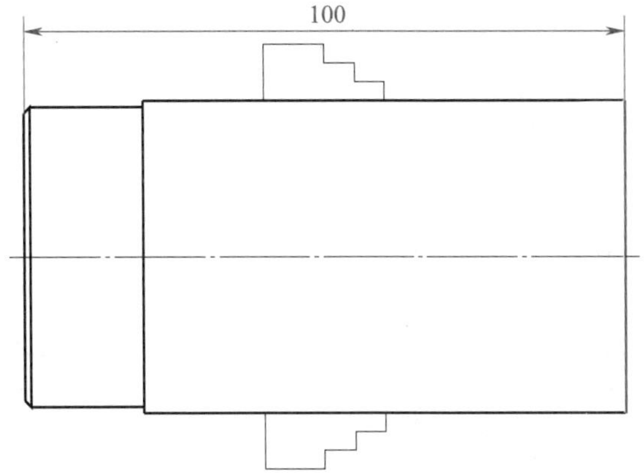 100
	（2）	采用一夹一顶方式装夹工件，粗、精车 M24 × 2 螺纹大径，$\phi28_{-0.021}^{0}$ mm 外圆柱面，$R24$ mm、$R8$ mm、$R10$ mm 圆弧面至尺寸要求，并倒角	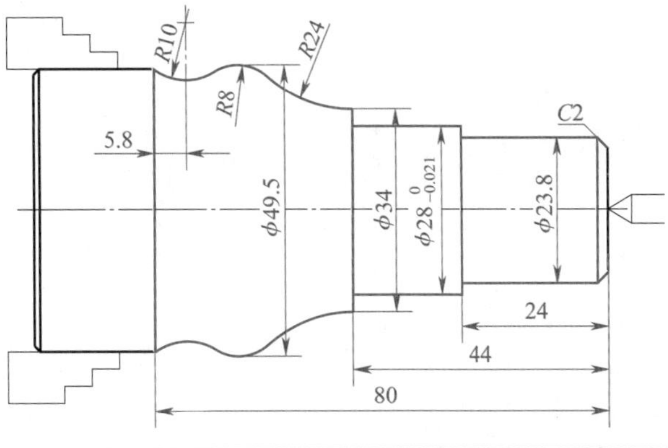 R10 R24 R8 C2 5.8 $\phi49.5$ $\phi34$ $\phi28_{-0.021}^{0}$ $\phi23.8$ 24 44 80

续表

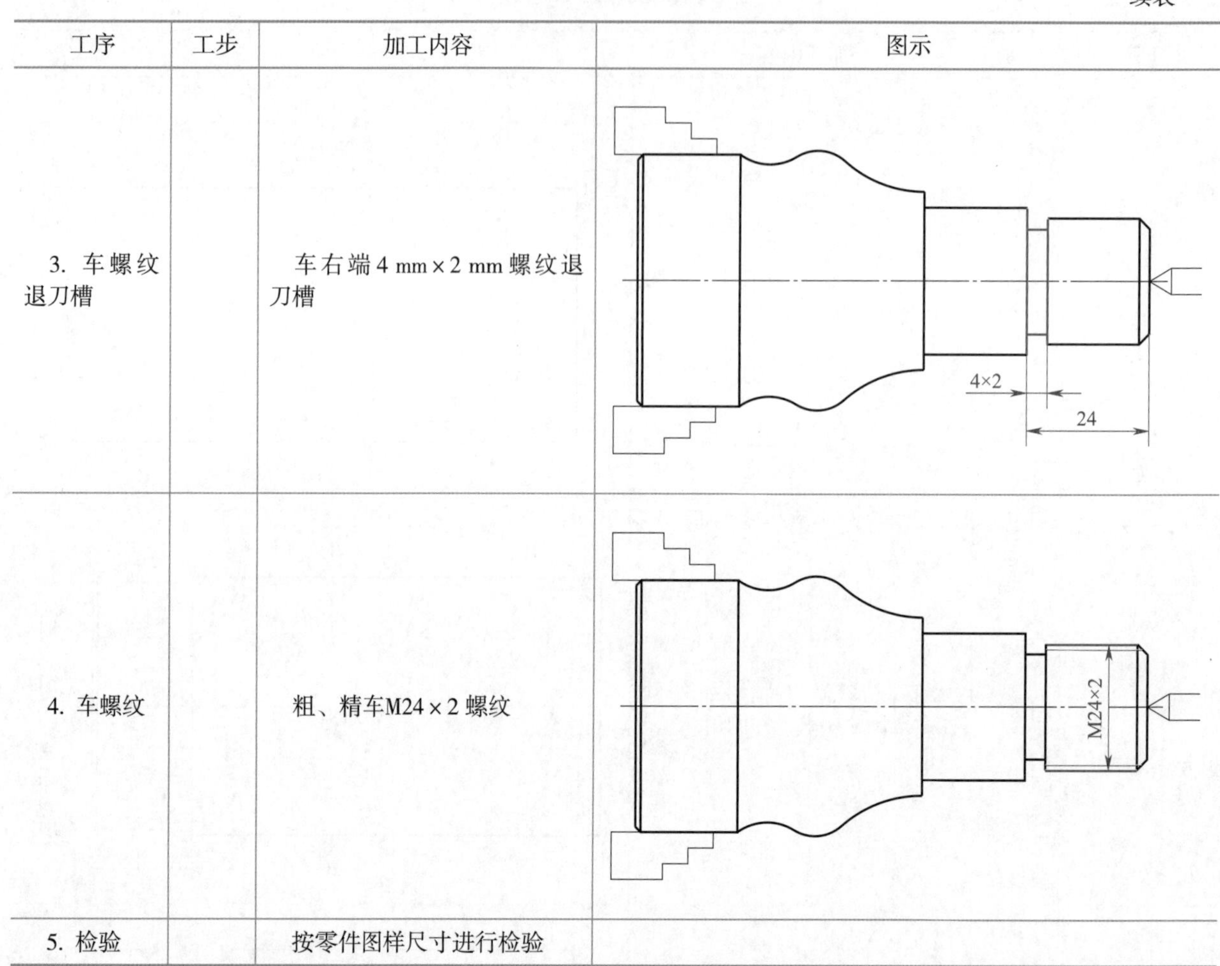

工序	工步	加工内容	图示
3. 车螺纹退刀槽		车右端 4 mm × 2 mm 螺纹退刀槽	4×2 24
4. 车螺纹		粗、精车M24 × 2 螺纹	M24×2
5. 检验		按零件图样尺寸进行检验	

三、加工质量检测

表 13-2 为曲面螺纹轴加工质量检测表。

表 13-2　　曲面螺纹轴加工质量检测表

序号	检测项目	配分	检测内容及要求	评分标准	检测结果	得分
1	主要尺寸（54 分）	6	$\phi 34$ mm	超差不得分		
2		6	$\phi 49.5$ mm	超差不得分		
3		6	$\phi 28_{-0.021}^{0}$ mm	超差不得分		
4		6	$\phi 48_{-0.025}^{0}$ mm	超差不得分		
5		6	$R24$ mm	超差不得分		
6		6	$R8$ mm	超差不得分		
7		6	$R10$ mm	超差不得分		
8		6	◎ | $\phi 0.03$ | A	超差不得分		
9		6	M24 × 2	超差不得分		

续表

序号	检测项目	配分	检测内容及要求	评分标准	检测结果	得分
10	次要尺寸（24 分）	5	24 mm	超差不得分		
11		5	44 mm	超差不得分		
12		5	80 mm	超差不得分		
13		5	100 mm	超差不得分		
14		2	$C1$ mm	超差不得分		
15		2	$C2$ mm	超差不得分		
16	槽（4 分）	4	4 mm × 2 mm	超差不得分		
17	表面粗糙度（6 分）	3 × 1	Ra1.6 μm（3 处）	降级不得分		
18		6 × 0.5	Ra3.2 μm（6 处）	降级不得分		
19	主观评分（9 分）	3	已加工零件倒角、倒钝、去毛刺符合图样要求，否则不得分			
20		3	已加工零件无划伤、碰伤和夹伤，否则不得分			
21		3	已加工零件与图样外形一致，否则不得分			
22	更换或添加毛坯（3 分）	3	更换或添加毛坯不得分			
23	职业素养	倒扣分	能正确穿戴工作服、工作鞋、安全帽和防护眼镜等个人防护用品。每违反一项，扣 2 分			
24			能规范使用设备、工具、量具和辅具。每违反操作规范一次，扣 2 分			
25			能做好设备清洁、保养工作。未清洁或未保养，扣 3 分；清洁或保养不彻底，扣 2 分			
总配分		100	总得分			

学习任务 14　输出轴的数控车床加工

一、工作情境描述

某企业接到一批输出轴（图 14-1）零件加工订单，数量为 30 件。来料加工，材料为 45 钢，毛坯尺寸为 $\phi40$ mm × 142 mm，工期为 5 天。该零件为回转体零件，生产主管计划用数控车床进行加工。

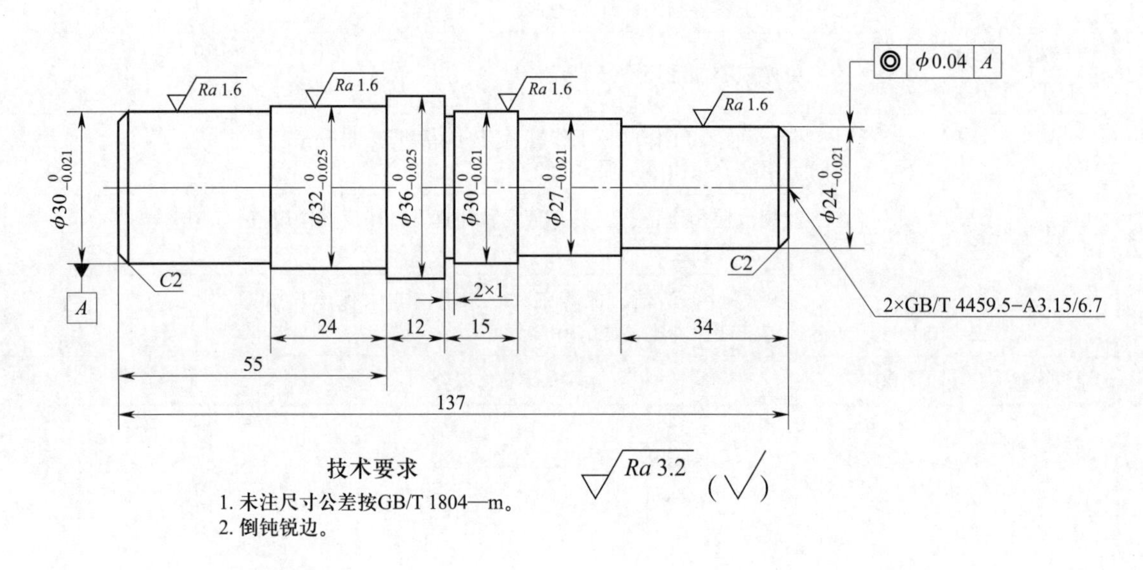

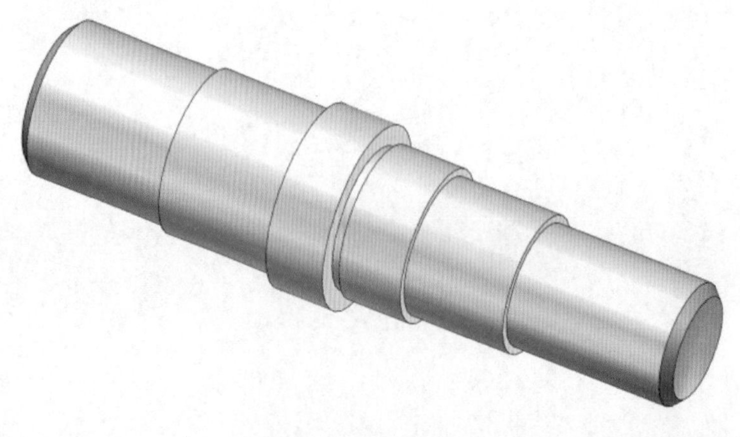

图 14-1　输出轴

二、加工工艺过程

输出轴的加工工艺过程见表 14–1。

表 14–1　　　　输出轴的加工工艺过程

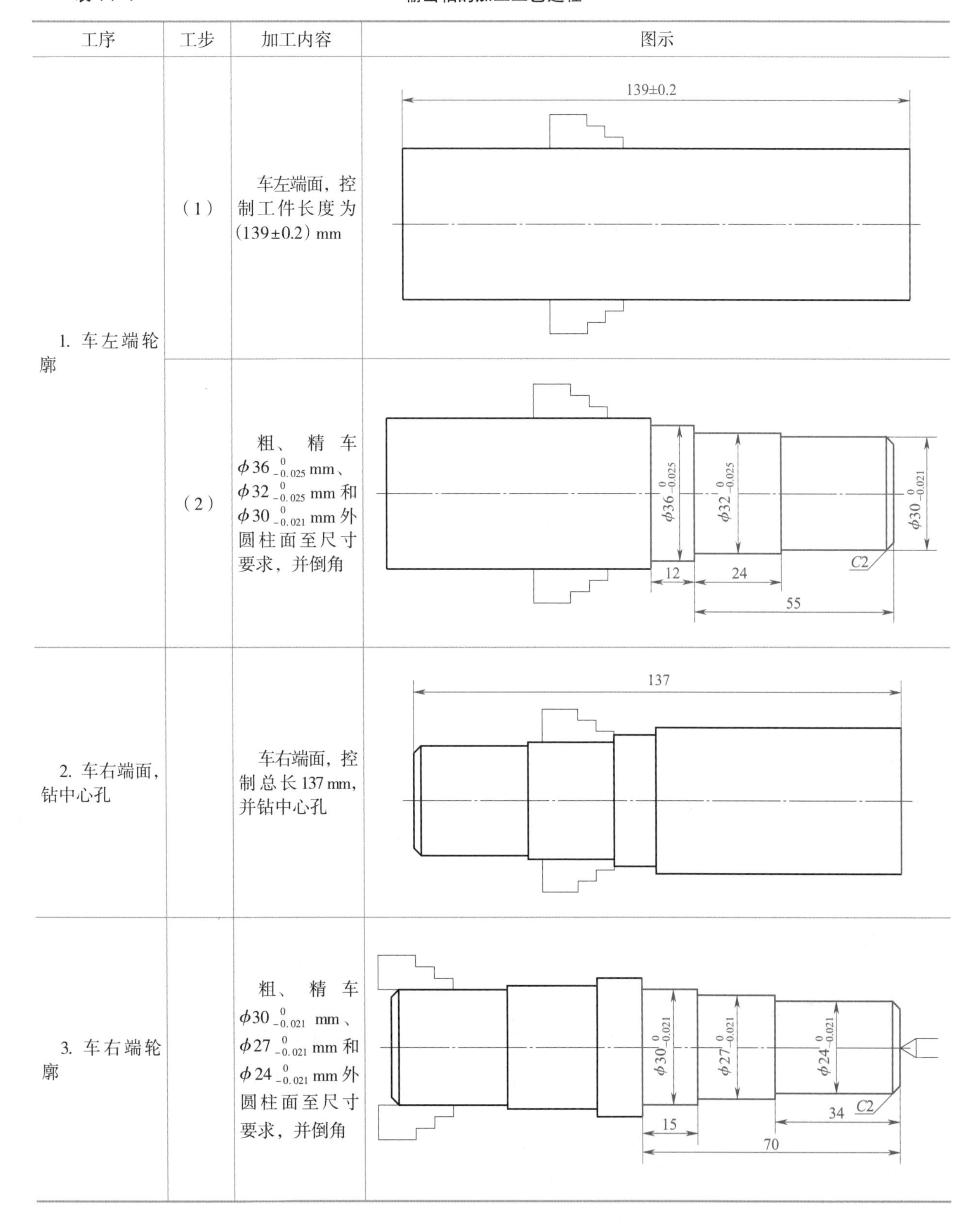

工序	工步	加工内容	图示
1. 车左端轮廓	（1）	车左端面，控制工件长度为（139±0.2）mm	
	（2）	粗、精车 $\phi36_{-0.025}^{\ 0}$ mm、$\phi32_{-0.025}^{\ 0}$ mm 和 $\phi30_{-0.021}^{\ 0}$ mm 外圆柱面至尺寸要求，并倒角	
2. 车右端面，钻中心孔		车右端面，控制总长 137 mm，并钻中心孔	
3. 车右端轮廓		粗、精车 $\phi30_{-0.021}^{\ 0}$ mm、$\phi27_{-0.021}^{\ 0}$ mm 和 $\phi24_{-0.021}^{\ 0}$ mm 外圆柱面至尺寸要求，并倒角	

续表

工序	工步	加工内容	图示
4. 车槽		用 2 mm 宽的车槽刀加工 2 mm × 1 mm 的槽	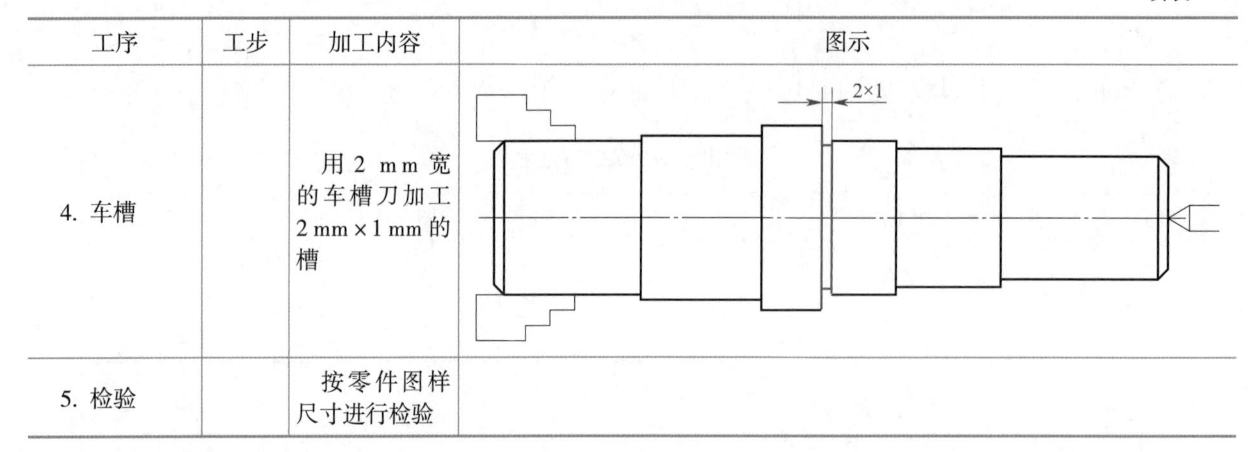
5. 检验		按零件图样尺寸进行检验	

三、加工质量检测

表 14–2 为输出轴加工质量检测表。

表 14–2　　输出轴加工质量检测表

序号	检测项目	配分	检测内容及要求	评分标准	检测结果	得分
1	主要尺寸（50 分）	7	$\phi 24_{-0.021}^{0}$ mm	超差不得分		
2		7	$\phi 27_{-0.021}^{0}$ mm	超差不得分		
3		2 × 7	$\phi 30_{-0.021}^{0}$ mm（2 处）	超差不得分		
4		7	$\phi 32_{-0.025}^{0}$ mm	超差不得分		
5		7	$\phi 36_{-0.025}^{0}$ mm	超差不得分		
6		8	◎ | $\phi 0.04$ | A	超差不得分		
7	次要尺寸（24 分）	4	34 mm	超差不得分		
8		4	15 mm	超差不得分		
9		4	12 mm	超差不得分		
10		4	24 mm	超差不得分		
11		4	55 mm	超差不得分		
12		4	137 mm	超差不得分		
13	槽（4 分）	4	2 mm × 1 mm	超差不得分		
14	表面粗糙度（10 分）	4 × 1	$Ra1.6$ μm（4 处）	降级不得分		
15		12 × 0.5	$Ra3.2$ μm（12 处）	降级不得分		
16	主观评分（9 分）	3	已加工零件倒角、倒钝、去毛刺符合图样要求，否则不得分			
17		3	已加工零件无划伤、碰伤和夹伤，否则不得分			
18		3	已加工零件与图样外形一致，否则不得分			

续表

序号	检测项目	配分	检测内容及要求	评分标准	检测结果	得分
19	更换或添加毛坯（3分）	3	更换或添加毛坯不得分			
20	职业素养	倒扣分	能正确穿戴工作服、工作鞋、安全帽和防护眼镜等个人防护用品。每违反一项，扣2分			
21			能规范使用设备、工具、量具和辅具。每违反操作规范一次，扣2分			
22			能做好设备清洁、保养工作。未清洁或未保养，扣3分；清洁或保养不彻底，扣2分			
总配分		100	总得分			

学习任务 15　双线螺纹轴的数控车床加工

一、工作情境描述

某企业接到一批双线螺纹轴（图 15-1）零件加工订单，数量为 30 件。来料加工，材料为 45 钢，毛坯尺寸为 ϕ42 mm × 105 mm，工期为 5 天。该零件为回转体零件，生产主管计划用数控车床进行加工。

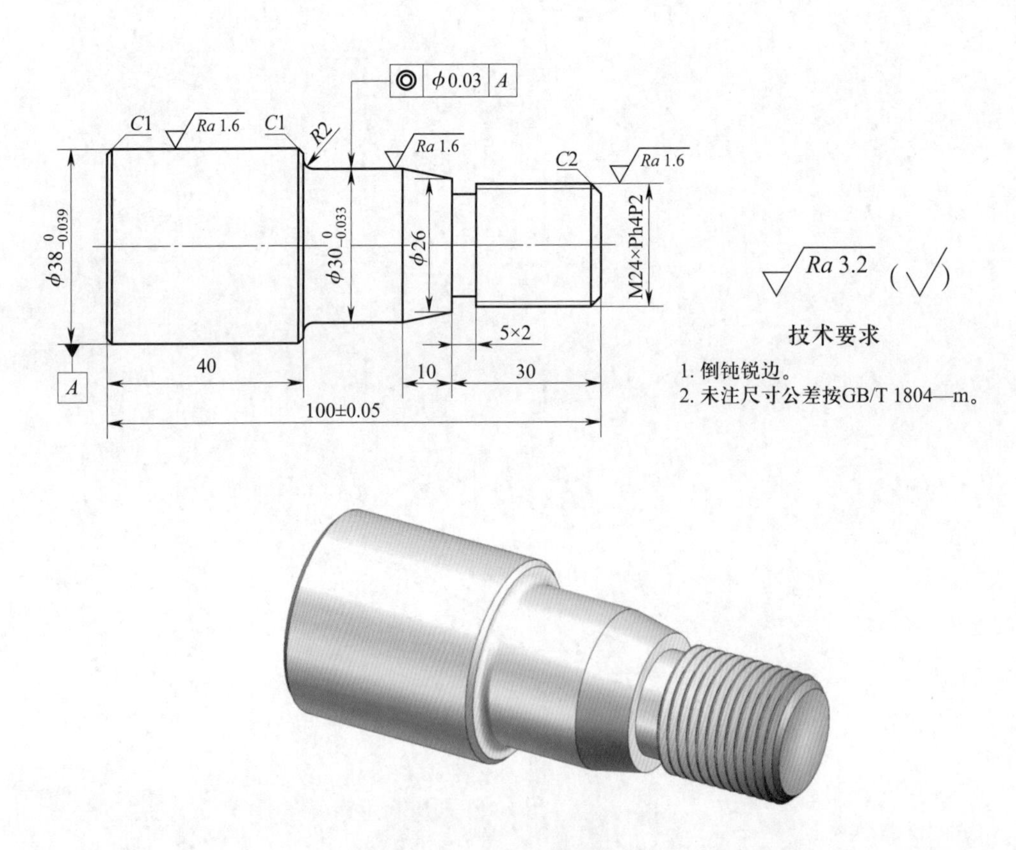

图 15-1　双线螺纹轴

二、加工工艺过程

双线螺纹轴的加工工艺过程见表 15-1。

表 15–1　　双线螺纹轴的加工工艺过程

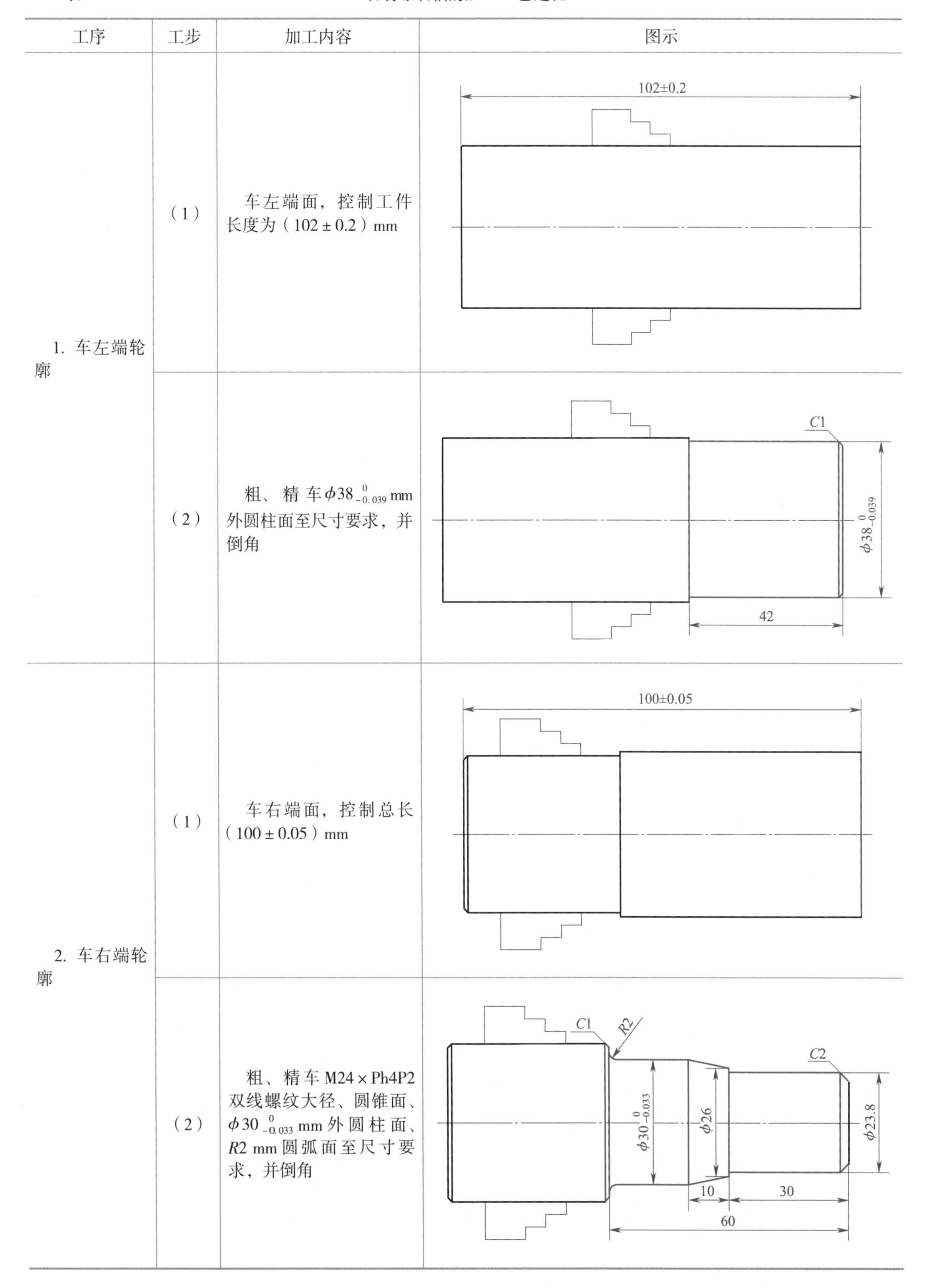

工序	工步	加工内容	图示
1. 车左端轮廓	（1）	车左端面，控制工件长度为（102 ± 0.2）mm	102±0.2
	（2）	粗、精车 $\phi 38_{-0.039}^{0}$ mm 外圆柱面至尺寸要求，并倒角	C1　$\phi 38_{-0.039}^{0}$　42
2. 车右端轮廓	（1）	车右端面，控制总长（100 ± 0.05）mm	100±0.05
	（2）	粗、精车 M24 × Ph4P2 双线螺纹大径、圆锥面、$\phi 30_{-0.033}^{0}$ mm 外圆柱面、$R2$ mm 圆弧面至尺寸要求，并倒角	C1　R2　C2　$\phi 30_{-0.033}^{0}$　$\phi 26$　$\phi 23.8$　10　30　60

续表

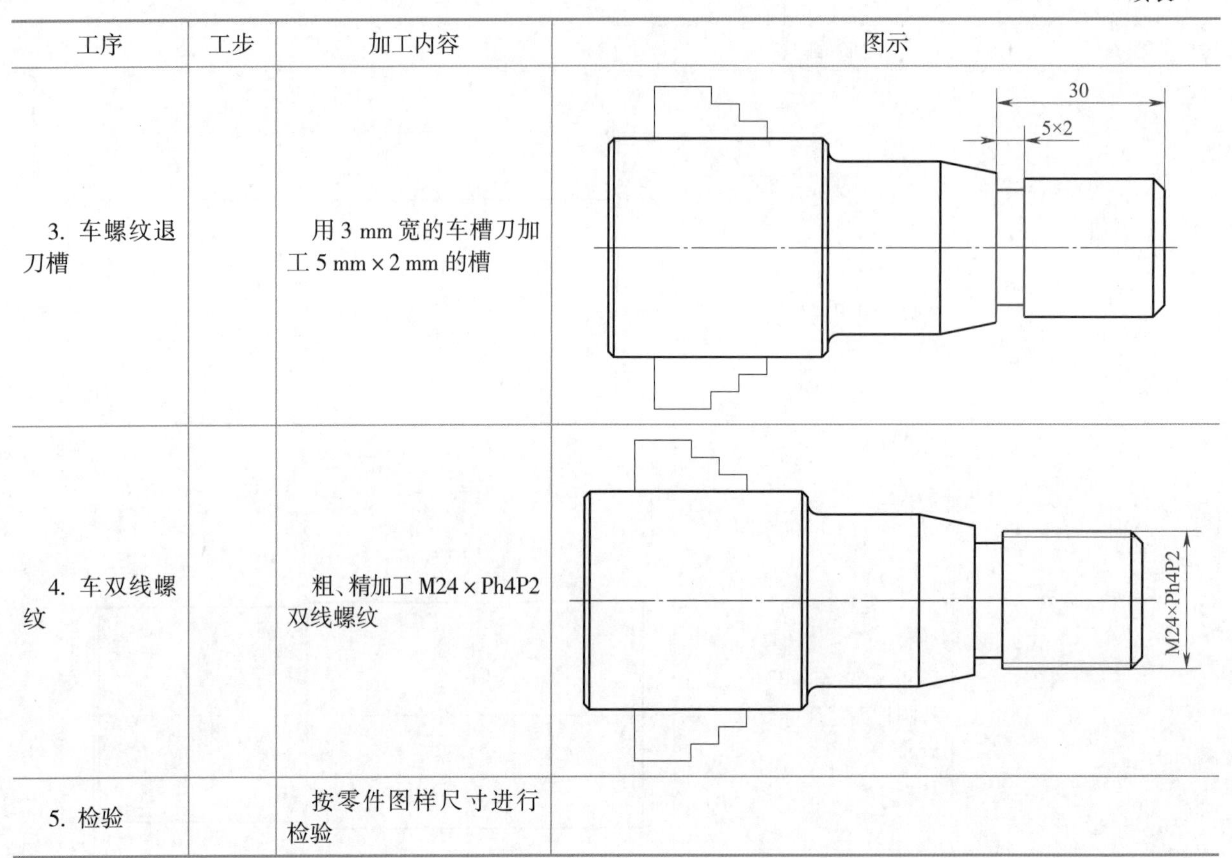

工序	工步	加工内容	图示
3. 车螺纹退刀槽		用 3 mm 宽的车槽刀加工 5 mm × 2 mm 的槽	30 5×2
4. 车双线螺纹		粗、精加工 M24 × Ph4P2 双线螺纹	M24×Ph4P2
5. 检验		按零件图样尺寸进行检验	

三、加工质量检测

表 15-2 为双线螺纹轴加工质量检测表。

表 15-2　双线螺纹轴加工质量检测表

序号	检测项目	配分	检测内容及要求	评分标准	检测结果	得分
1	主要尺寸（50 分）	8	ϕ26 mm	超差不得分		
2		8	$\phi 38_{-0.039}^{0}$ mm	超差不得分		
3		8	$\phi 30_{-0.033}^{0}$ mm	超差不得分		
4		8	R2 mm	超差不得分		
5		8	◎ ϕ0.03 A	超差不得分		
6		10	M24 × Ph4P2	超差不得分		
7	次要尺寸（28 分）	6	10 mm	超差不得分		
8		6	30 mm	超差不得分		
9		6	40 mm	超差不得分		
10		6	（100 ± 0.05）mm	超差不得分		
11		2 × 1	C1 mm（2 处）	超差不得分		
12		2	C2 mm	超差不得分		

续表

序号	检测项目	配分	检测内容及要求	评分标准	检测结果	得分
13	槽（4 分）	4	5 mm × 2 mm	超差不得分		
14	表面粗糙度（6 分）	3 × 1	*Ra*1.6 μm（3 处）	降级不得分		
15		6 × 0.5	*Ra*3.2 μm（6 处）	降级不得分		
16	主观评分（9 分）	3	已加工零件倒角、倒钝、去毛刺符合图样要求，否则不得分			
17		3	已加工零件无划伤、碰伤和夹伤，否则不得分			
18		3	已加工零件与图样外形一致，否则不得分			
19	更换或添加毛坯（3 分）	3	更换或添加毛坯不得分			
20	职业素养	倒扣分	能正确穿戴工作服、工作鞋、安全帽和防护眼镜等个人防护用品。每违反一项，扣 2 分			
21			能规范使用设备、工具、量具和辅具。每违反操作规范一次，扣 2 分			
22			能做好设备清洁、保养工作。未清洁或未保养，扣 3 分；清洁或保养不彻底，扣 2 分			
总配分		100	总得分			

学习任务 16　心轴的数控车床加工

一、工作情境描述

某企业接到一批心轴（图 16–1）零件加工订单，数量为 30 件。来料加工，材料为 45 钢，毛坯尺寸为 ϕ35 mm × 112 mm，工期为 5 天。该零件为回转体零件，生产主管计划用数控车床进行加工。

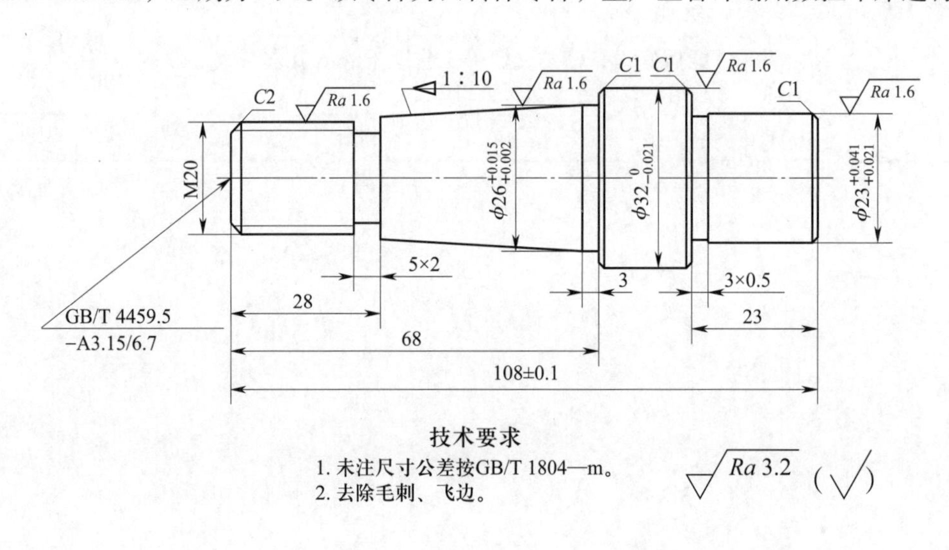

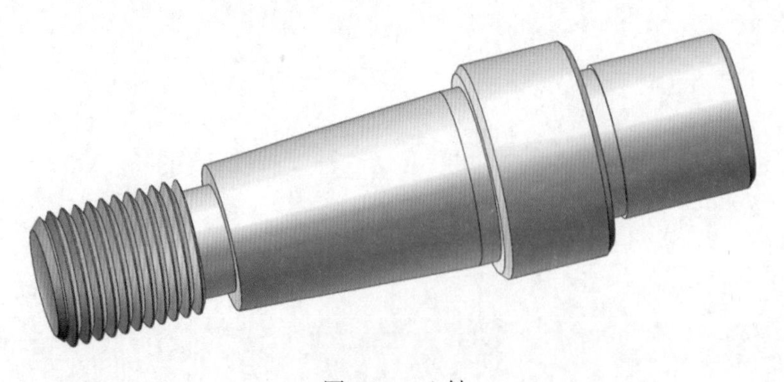

图 16–1　心轴

二、加工工艺过程

如果心轴加工批量较大，可采用如下加工方案：先粗加工右端，其次粗加工左端，再采用两顶尖装夹，用左偏刀、右偏刀精车左、右两端，最后车槽和加工螺纹。由于本次任务心轴加工数量较少，可采用表 16–1 所列心轴的加工工艺过程进行加工。

表 16–1　　　　心轴的加工工艺过程

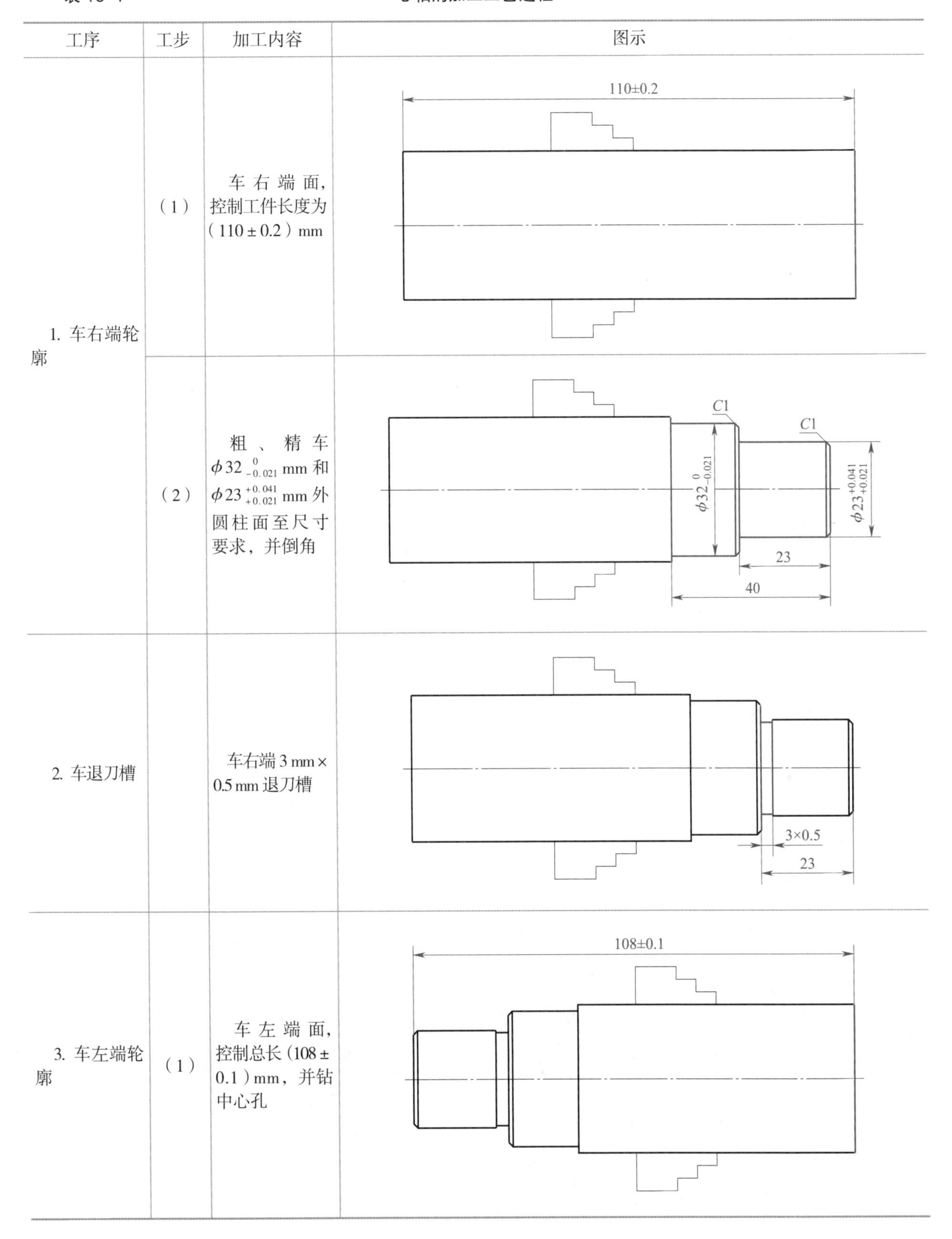

工序	工步	加工内容	图示
1. 车右端轮廓	（1）	车右端面，控制工件长度为（110 ± 0.2）mm	
	（2）	粗、精车 $\phi 32_{-0.021}^{\ 0}$ mm 和 $\phi 23_{+0.021}^{+0.041}$ mm 外圆柱面至尺寸要求，并倒角	
2. 车退刀槽		车右端 3 mm × 0.5 mm 退刀槽	
3. 车左端轮廓	（1）	车左端面，控制总长（108 ± 0.1）mm，并钻中心孔	

续表

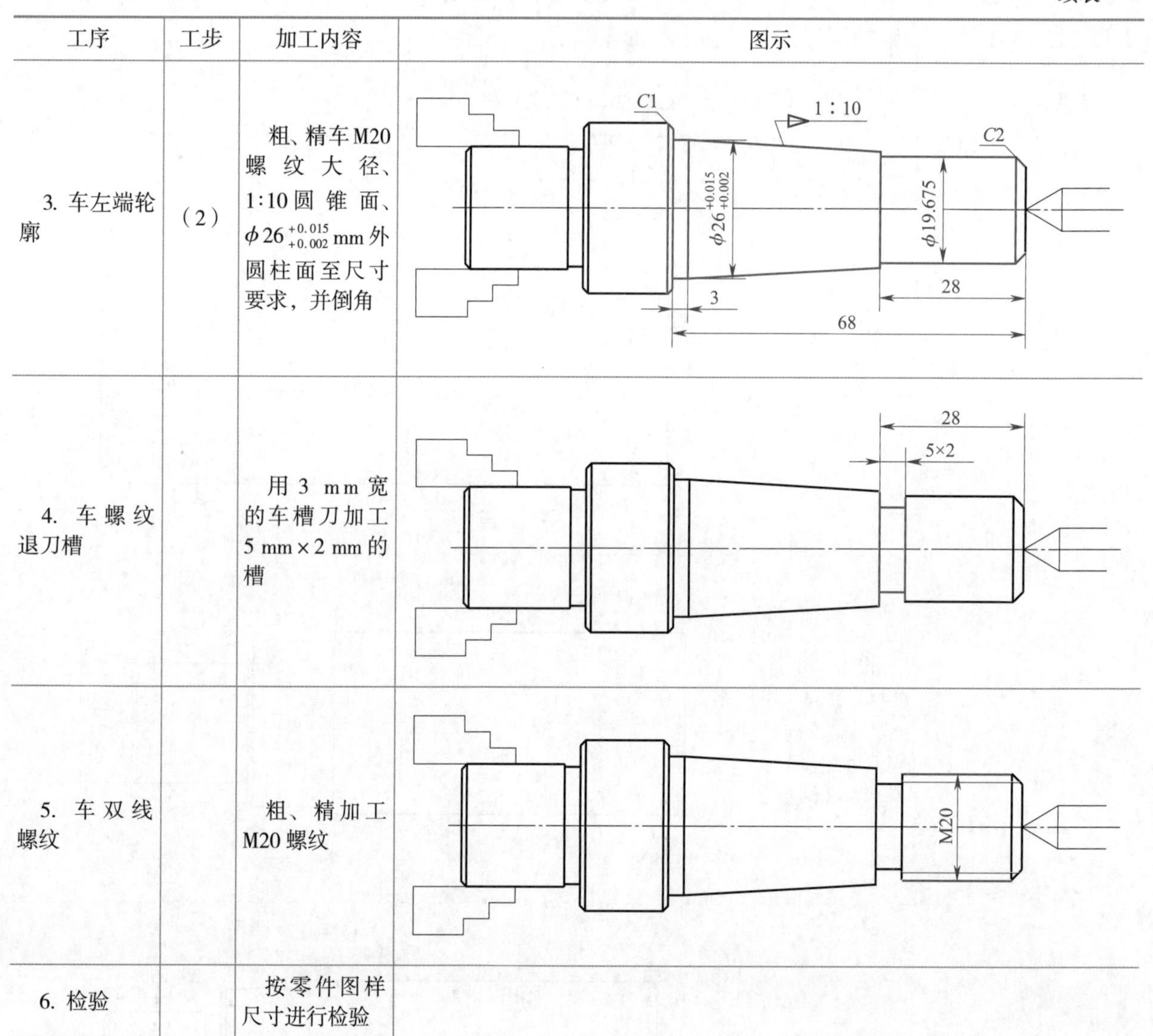

工序	工步	加工内容	图示
3. 车左端轮廓	（2）	粗、精车M20螺纹大径、1:10圆锥面、$\phi26^{+0.015}_{+0.002}$ mm外圆柱面至尺寸要求，并倒角	
4. 车螺纹退刀槽		用3 mm宽的车槽刀加工5 mm×2 mm的槽	
5. 车双线螺纹		粗、精加工M20螺纹	
6. 检验		按零件图样尺寸进行检验	

三、加工质量检测

表16–2为心轴加工质量检测表。

表16–2　　心轴加工质量检测表

序号	检测项目	配分	检测内容及要求	评分标准	检测结果	得分
1	主要尺寸（48分）	8	$\phi23^{+0.041}_{+0.021}$ mm	超差不得分		
2		8	$\phi26^{+0.015}_{+0.002}$ mm	超差不得分		
3		8	$\phi32^{0}_{-0.021}$ mm	超差不得分		
4		8	锥体1∶10	超差不得分		
5		8	M20	超差不得分		
6		8	（108±0.1）mm	超差不得分		

续表

序号	检测项目	配分	检测内容及要求	评分标准	检测结果	得分
7	次要尺寸（25 分）	4	3 mm	超差不得分		
8		4	23 mm	超差不得分		
9		4	28 mm	超差不得分		
10		5	68 mm	超差不得分		
11		3×2	*C*1 mm（3 处）	超差不得分		
12		2	*C*2 mm	超差不得分		
13	槽（8 分）	4	5 mm×2 mm	超差不得分		
14		4	3 mm×0.5 mm	超差不得分		
15	表面粗糙度（7 分）	4×1	*Ra*1.6 μm（4 处）	降级不得分		
16		6×0.5	*Ra*3.2 μm（6 处）	降级不得分		
17	主观评分（9 分）	3	已加工零件倒角、去毛刺符合图样要求，否则不得分			
18		3	已加工零件无划伤、碰伤和夹伤，否则不得分			
19		3	已加工零件与图样外形一致，否则不得分			
20	更换或添加毛坯（3 分）	3	更换或添加毛坯不得分			
21	职业素养	倒扣分	能正确穿戴工作服、工作鞋、安全帽和防护眼镜等个人防护用品。每违反一项，扣 2 分			
22			能规范使用设备、工具、量具和辅具。每违反操作规范一次，扣 2 分			
23			能做好设备清洁、保养工作。未清洁或未保养，扣 3 分；清洁或保养不彻底，扣 2 分			
总配分		100	总得分			

学习任务 17 轴承套的数控车床加工

一、工作情境描述

某企业接到一批轴承套（图 17–1）零件加工订单，数量为 30 件。来料加工，材料为 45 钢，毛坯尺寸为 $\phi50$ mm × 60 mm，工期为 5 天。该零件为回转体零件，生产主管计划用数控车床进行加工。

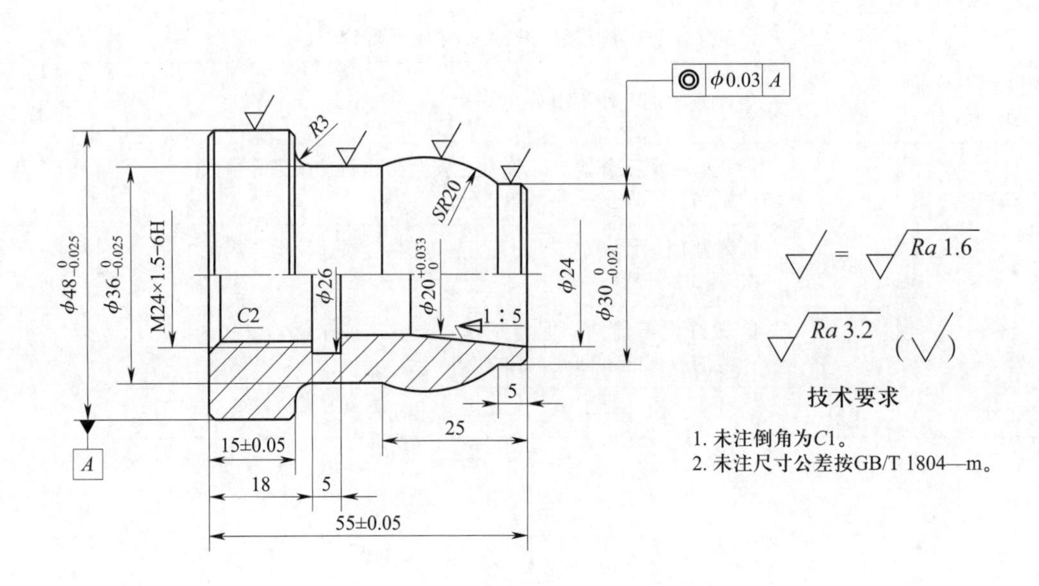

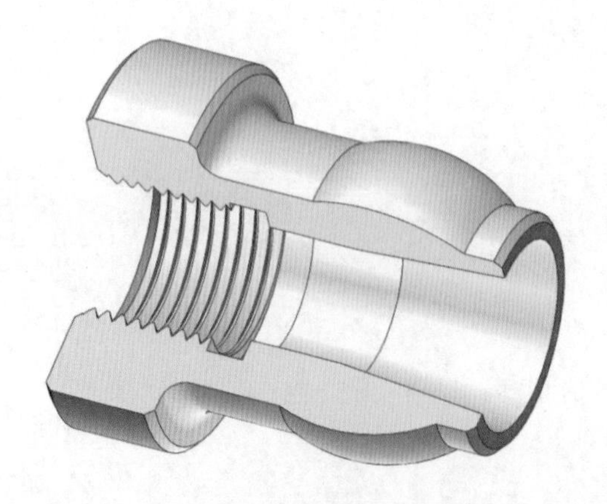

图 17–1 轴承套

二、加工工艺过程

轴承套的加工工艺过程见表 17–1。

表 17–1　轴承套的加工工艺过程

工序	工步	加工内容	图示
1. 钻通孔		用 ϕ18 mm 麻花钻钻通孔	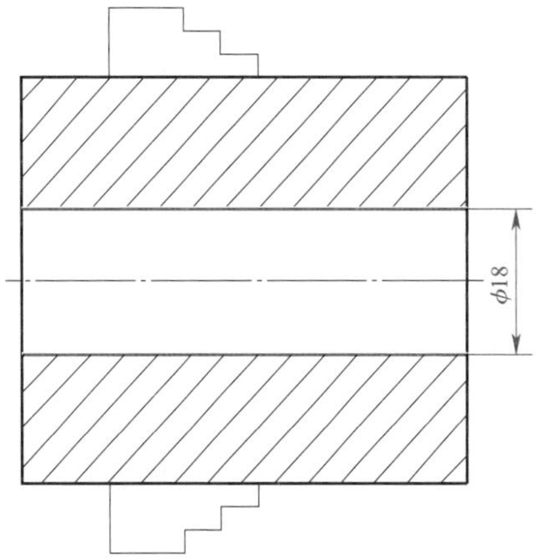 $\phi18$
2. 车左端外轮廓	（1）	车左端面，控制工件长度为（57 ± 0.2）mm	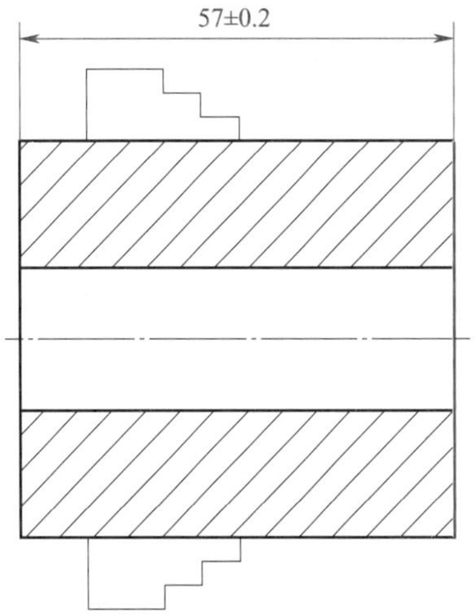 57±0.2
	（2）	粗、精车 $\phi48_{-0.025}^{\ 0}$ mm 外圆柱面至尺寸要求，并倒角	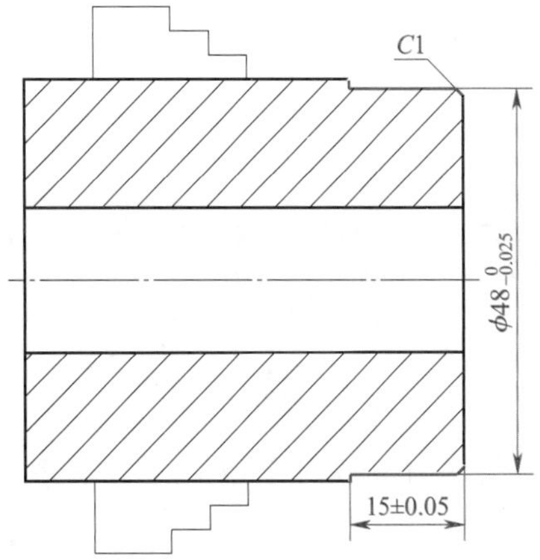 C1 $\phi48_{-0.025}^{\ 0}$ 15±0.05

续表

工序	工步	加工内容	图示
3. 车左端内轮廓		粗、精车 M24×1.5-6H 内螺纹顶径	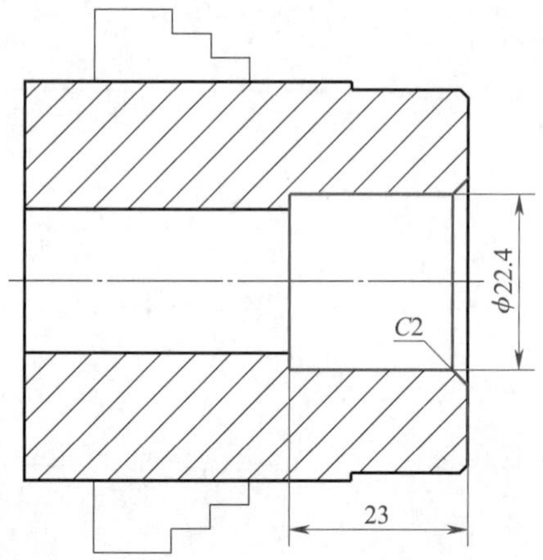 $\phi22.4$ C2 23
4. 车内螺纹退刀槽		车内螺纹 5 mm×ϕ26 mm 退刀槽	5×ϕ26 23
5. 车内螺纹		粗、精车 M24×1.5-6H 内螺纹	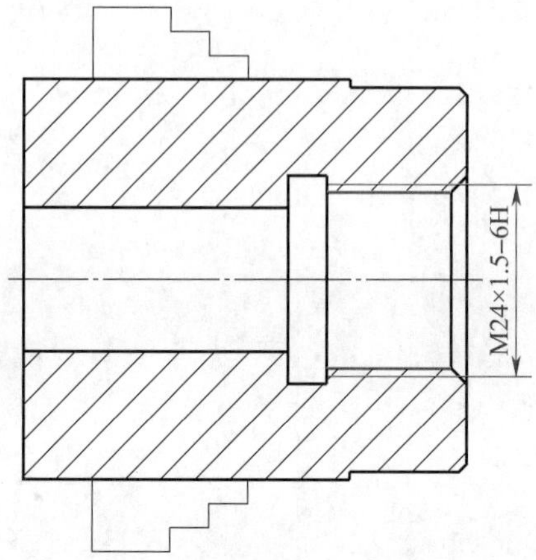 M24×1.5-6H

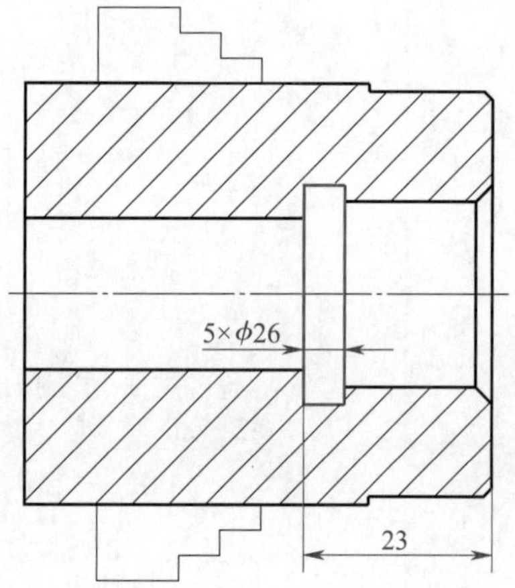

续表

工序	工步	加工内容	图示
6. 车右端外轮廓	（1）	车右端面，控制总长（55 ± 0.05）mm	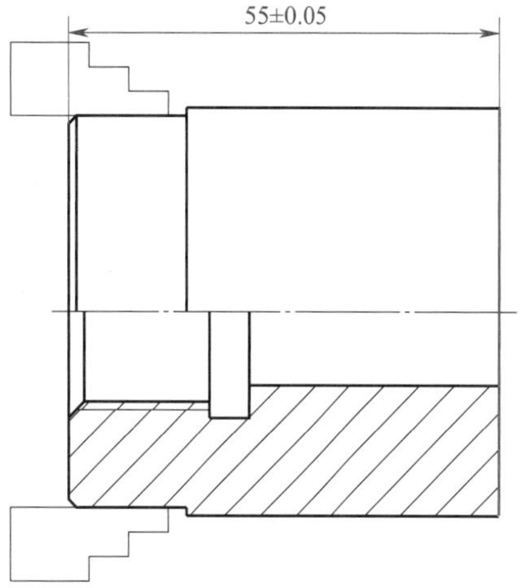
	（2）	粗、精车 $\phi 30_{-0.021}^{0}$ mm 外圆柱面、*SR*20 mm 球面、$\phi 36_{-0.025}^{0}$ mm 圆柱面和 *R*3 mm 圆弧面至尺寸要求，并倒角	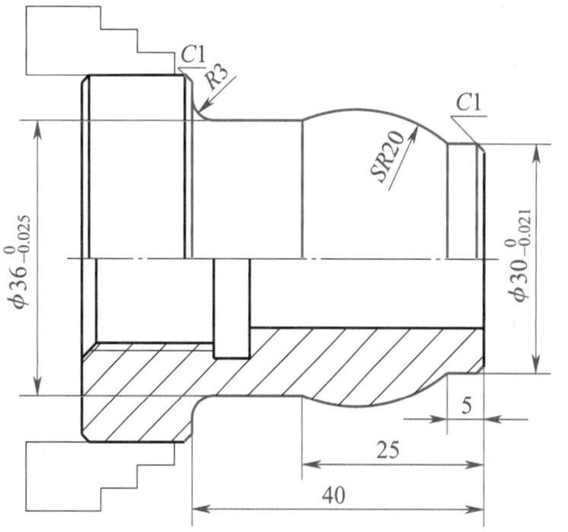
7. 车右端内轮廓		粗、精车 1∶5 内圆锥面和 $\phi 20_{0}^{+0.033}$ mm 内圆柱面至尺寸要求	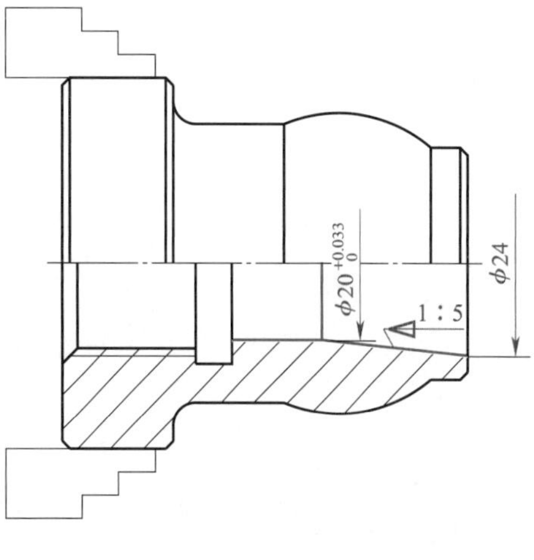
8. 检验		按零件图样尺寸进行检验	

三、加工质量检测

表 17–2 为轴承套加工质量检测表。

表 17–2　　轴承套加工质量检测表

序号	检测项目	配分	检测内容及要求	评分标准	检测结果	得分
1	主要尺寸（50 分）	5	$\phi 20^{+0.033}_{0}$ mm	超差不得分		
2		5	$\phi 24$ mm	超差不得分		
3		5	$\phi 30^{0}_{-0.021}$ mm	超差不得分		
4		5	$\phi 36^{0}_{-0.025}$ mm	超差不得分		
5		5	$\phi 48^{0}_{-0.025}$ mm	超差不得分		
6		5	$SR20$ mm	超差不得分		
7		5	$R3$ mm	超差不得分		
8		5	◎ | $\phi 0.03$ | A	超差不得分		
9		5	内锥 1 : 5	超差不得分		
10		5	M24 × 1.5–6H	超差不得分		
11	次要尺寸（25 分）	5	5 mm	超差不得分		
12		5	（55 ± 0.05）mm	超差不得分		
13		5	（15 ± 0.05）mm	超差不得分		
14		5	18 mm	超差不得分		
15		5	25 mm	超差不得分		
16	槽（6 分）	6	5 mm × $\phi 26$ mm	超差不得分		
17	表面粗糙度（7 分）	4 × 1	$Ra1.6$ μm（4 处）	降级不得分		
18		6 × 0.5	$Ra3.2$ μm（6 处）	降级不得分		
19	主观评分（9 分）	3	已加工零件倒角、去毛刺符合图样要求，否则不得分			
20		3	已加工零件无划伤、碰伤和夹伤，否则不得分			
21		3	已加工零件与图样外形一致，否则不得分			
22	更换或添加毛坯（3 分）	3	更换或添加毛坯不得分			
23	职业素养	倒扣分	能正确穿戴工作服、工作鞋、安全帽和防护眼镜等个人防护用品。每违反一项，扣 2 分			
24			能规范使用设备、工具、量具和辅具。每违反操作规范一次，扣 2 分			
25			能做好设备清洁、保养工作。未清洁或未保养，扣 3 分；清洁或保养不彻底，扣 2 分			
总配分		100	总得分			

学习任务 18　锥齿轮坯的数控车床加工

一、工作情境描述

某企业接到一批锥齿轮坯（图 18–1）零件加工订单，数量为 30 件。来料加工，材料为 45 钢，毛坯尺寸为 ϕ95 mm × 65 mm，工期为 5 天。该零件为回转体零件，生产主管计划用数控车床进行加工。

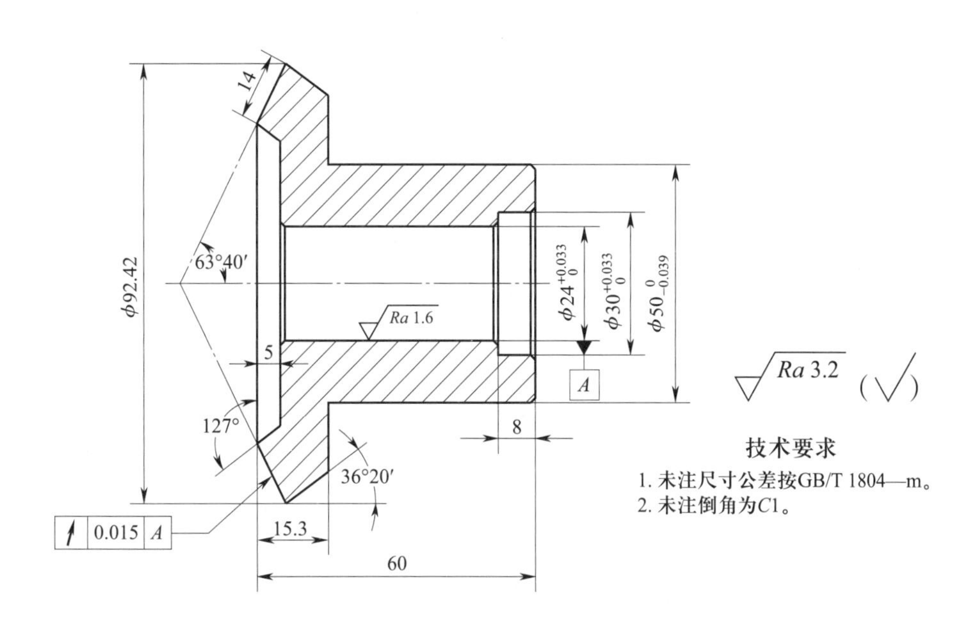

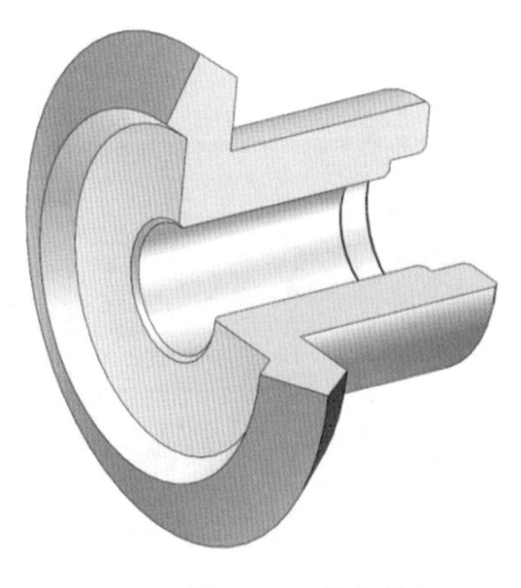

图 18–1　锥齿轮坯

二、加工工艺过程

锥齿轮坯的加工工艺过程见表 18-1。

表 18-1　　锥齿轮坯的加工工艺过程

工序	工步	加工内容	图示
1. 钻通孔		钻 ϕ22 mm 通孔	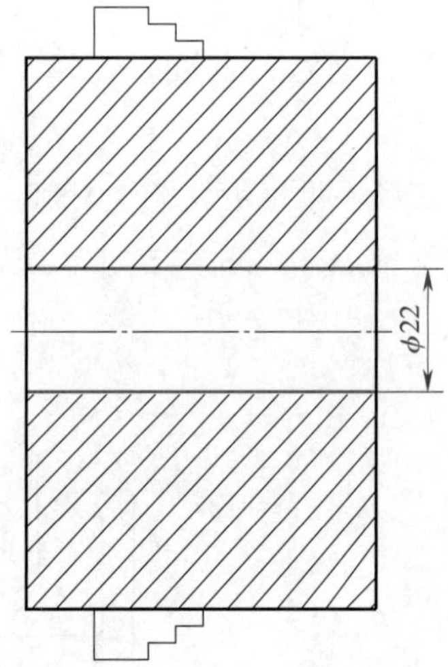 ϕ22
2. 车右端外轮廓	（1）	车右端面，控制工件长度为 62 mm	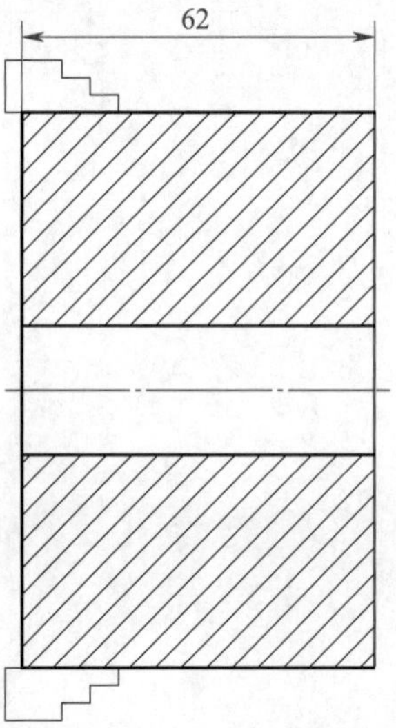 62

续表

工序	工步	加工内容	图示
2. 车右端外轮廓	（2）	粗、精车 $\phi 50_{-0.039}^{\ 0}$ mm 外圆柱面至尺寸要求，并倒角	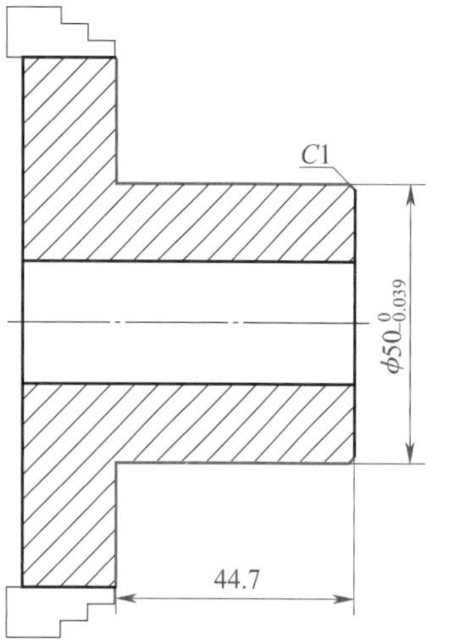 C1 $\phi 50_{-0.039}^{\ 0}$ 44.7
3. 车内轮廓		车 $\phi 30_{\ 0}^{+0.033}$mm 和 $\phi 24_{\ 0}^{+0.033}$ mm 内孔至尺寸要求，并倒角	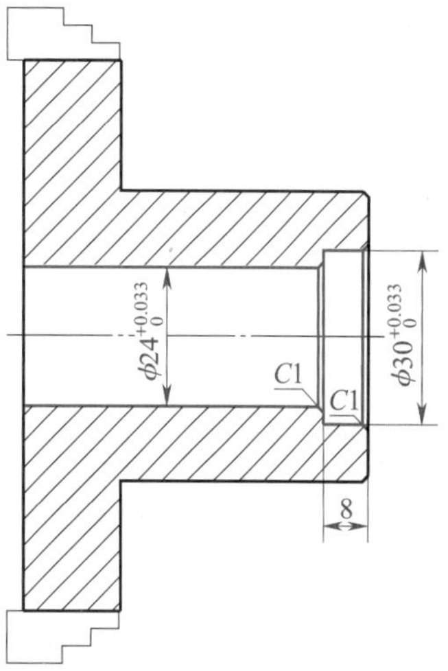 $\phi 24_{\ 0}^{+0.033}$ $\phi 30_{\ 0}^{+0.033}$ C1 C1 8
4. 车左端轮廓	（1）	车左端面，控制总长 60 mm	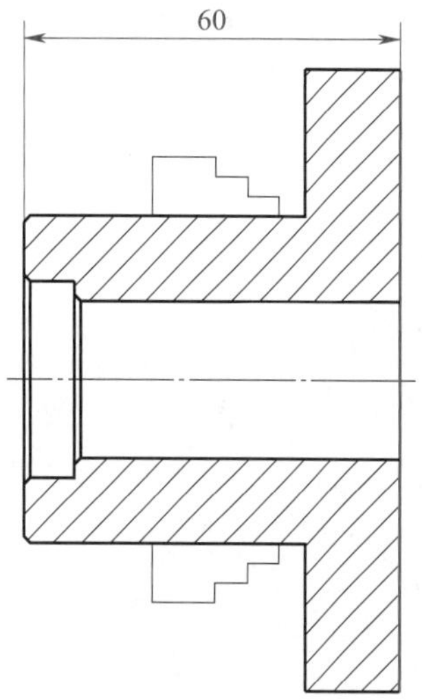 60

续表

工序	工步	加工内容	图示
4. 车左端轮廓	（2）	粗、精车63° 40′和36° 20′圆锥面至尺寸要求	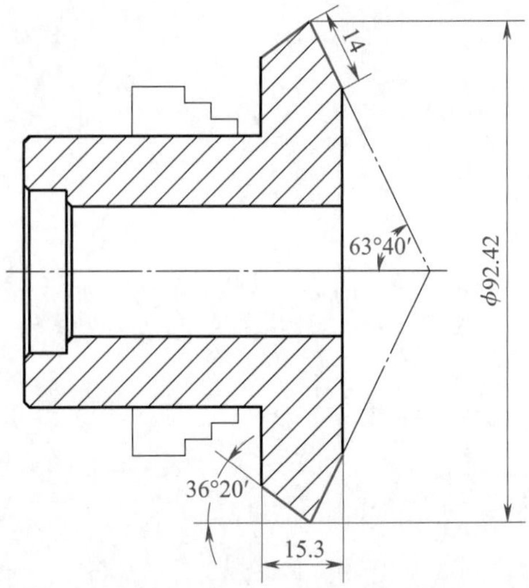 14 63°40′ ϕ92.42 36°20′ 15.3
5. 车内圆锥面		粗、精车127°圆锥面至尺寸要求，并倒角	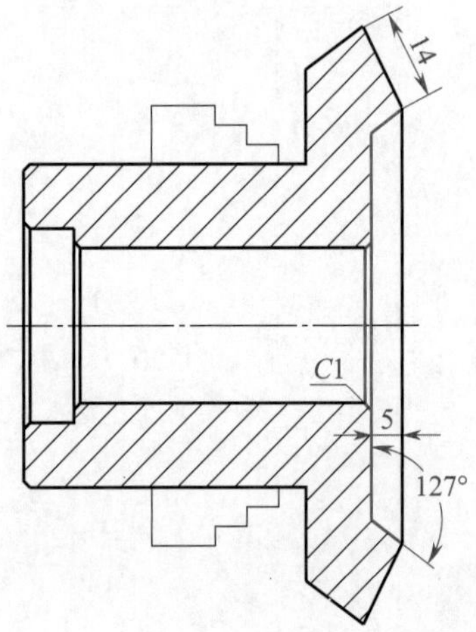 14 C1 5 127°
6. 检验		按零件图样尺寸进行检验	

三、加工质量检测

表18–2为锥齿轮坯加工质量检测表。

表18–2　锥齿轮坯加工质量检测表

序号	检测项目	配分	检测内容及要求	评分标准	检测结果	得分
1	主要尺寸（51分）	7	$\phi 50^{\ 0}_{-0.039}$ mm	超差不得分		
2		7	$\phi 30^{+0.033}_{\ 0}$ mm	超差不得分		
3		7	$\phi 24^{+0.033}_{\ 0}$ mm	超差不得分		
4		6	ϕ92.42 mm	超差不得分		
5		6	36° 20′	超差不得分		

续表

序号	检测项目	配分	检测内容及要求	评分标准	检测结果	得分
6		6	63° 40′	超差不得分		
7		6	127°	超差不得分		
8		6	↗ 0.015 A	超差不得分		
9	次要尺寸（25 分）	5	5 mm	超差不得分		
10		5	8 mm	超差不得分		
11		5	15.3 mm	超差不得分		
12		5	14 mm	超差不得分		
13		5	60 mm	超差不得分		
14	倒角（4 分）	4 × 1	*C*1 mm（4 处）	超差不得分		
15	表面粗糙度（8 分）	9 × 0.5	*Ra*3.2 μm（9 处）	降级不得分		
		3.5	*Ra*1.6 μm	降级不得分		
16	主观评分（9 分）	3	已加工零件倒角、去毛刺符合图样要求，否则不得分			
17		3	已加工零件无划伤、碰伤和夹伤，否则不得分			
18		3	已加工零件与图样外形一致，否则不得分			
19	更换或添加毛坯（3 分）	3	更换或添加毛坯不得分			
20	职业素养	倒扣分	能正确穿戴工作服、工作鞋、安全帽和防护眼镜等个人防护用品。每违反一项，扣 2 分			
21			能规范使用设备、工具、量具和辅具。每违反操作规范一次，扣 2 分			
22			能做好设备清洁、保养工作。未清洁或未保养，扣 3 分；清洁或保养不彻底，扣 2 分			
总配分		100	总得分			

学习任务 19　锥端螺纹轴的数控车床加工

一、工作情境描述

某企业接到一批锥端螺纹轴（图 19–1）零件加工订单，数量为 30 件。来料加工，材料为 45 钢，毛坯尺寸为 ϕ55 mm × 110 mm，工期为 5 天。该零件为回转体零件，生产主管计划用数控车床进行加工。

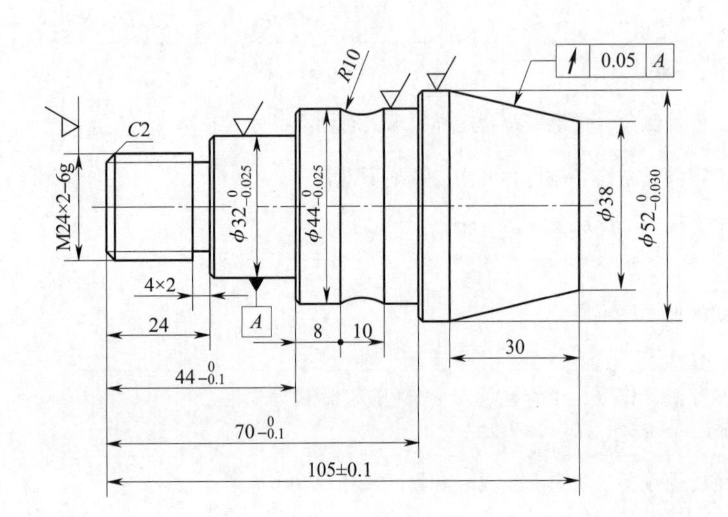

$\sqrt{}$ = $\sqrt{Ra\ 1.6}$

$\sqrt{Ra\ 3.2}$ ($\sqrt{}$)

技术要求

1. 未注倒角为C1。
2. 去除毛刺、飞边。
3. 未注尺寸公差按GB/T 1804—m。
4. 不允许用砂布或锉刀等修饰表面。

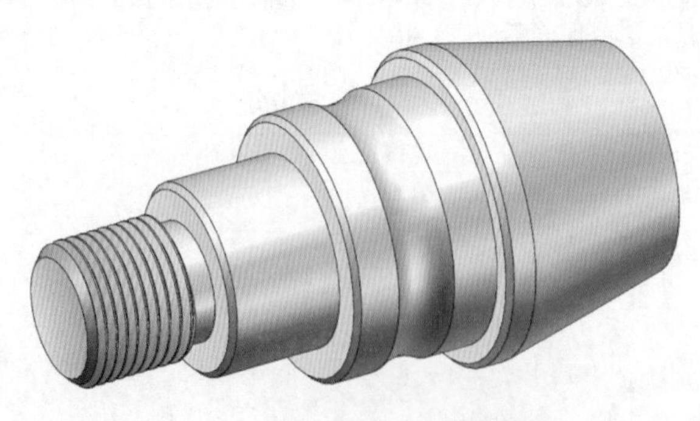

图 19–1　锥端螺纹轴

二、加工工艺过程

锥端螺纹轴的加工工艺过程见表 19–1。

表 19–1　　**锥端螺纹轴的加工工艺过程**

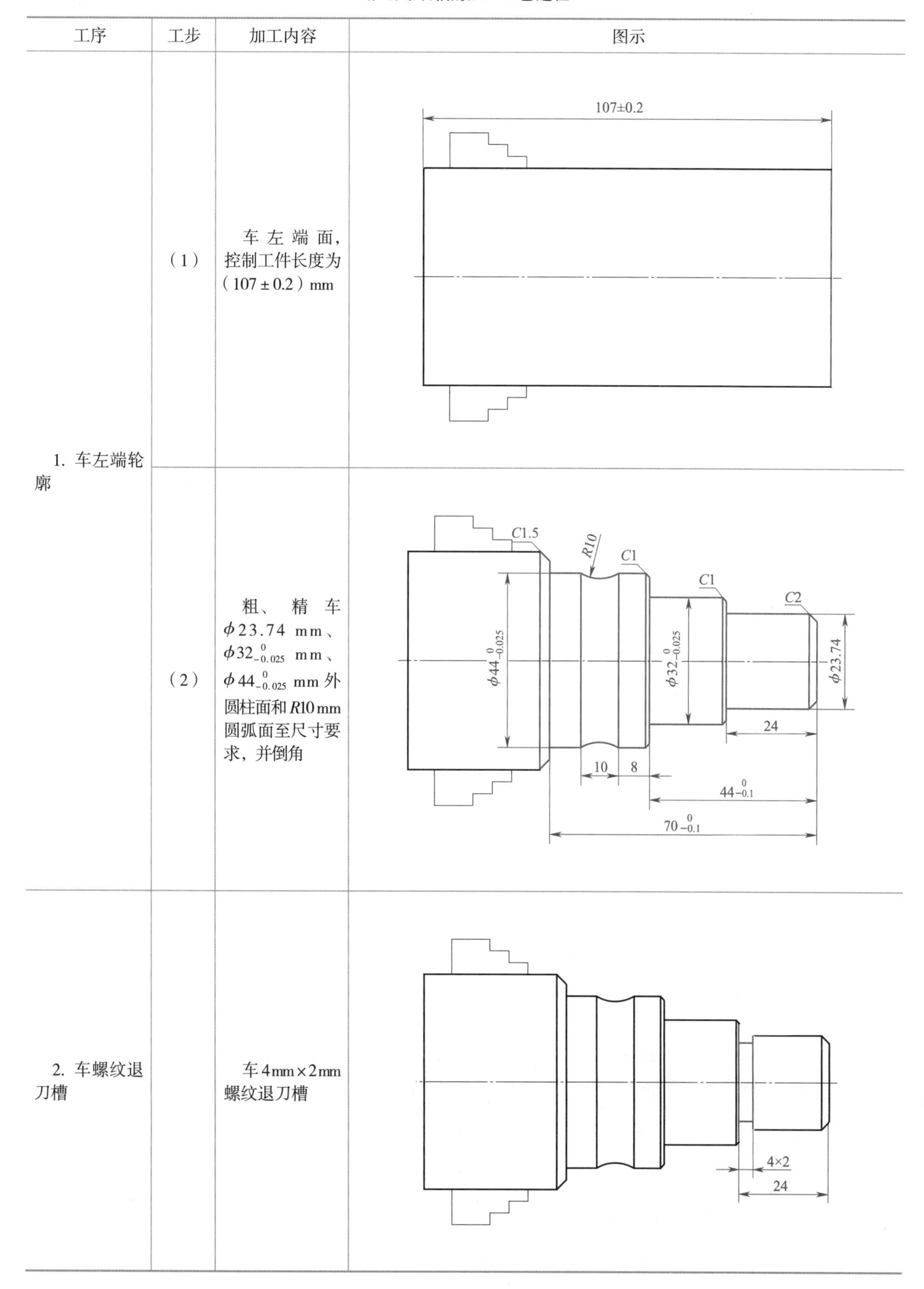

工序	工步	加工内容	图示
1. 车左端轮廓	（1）	车左端面，控制工件长度为（107 ± 0.2）mm	107±0.2
	（2）	粗、精车 $\phi 23.74$ mm、$\phi 32_{-0.025}^{\ 0}$ mm、$\phi 44_{-0.025}^{\ 0}$ mm 外圆柱面和 $R10$ mm 圆弧面至尺寸要求，并倒角	C1.5　R10　C1　C1　C2　$\phi 44_{-0.025}^{\ 0}$　$\phi 32_{-0.025}^{\ 0}$　$\phi 23.74$　24　10　8　$44_{-0.1}^{\ 0}$　$70_{-0.1}^{\ 0}$
2. 车螺纹退刀槽		车 4mm×2mm 螺纹退刀槽	4×2　24

续表

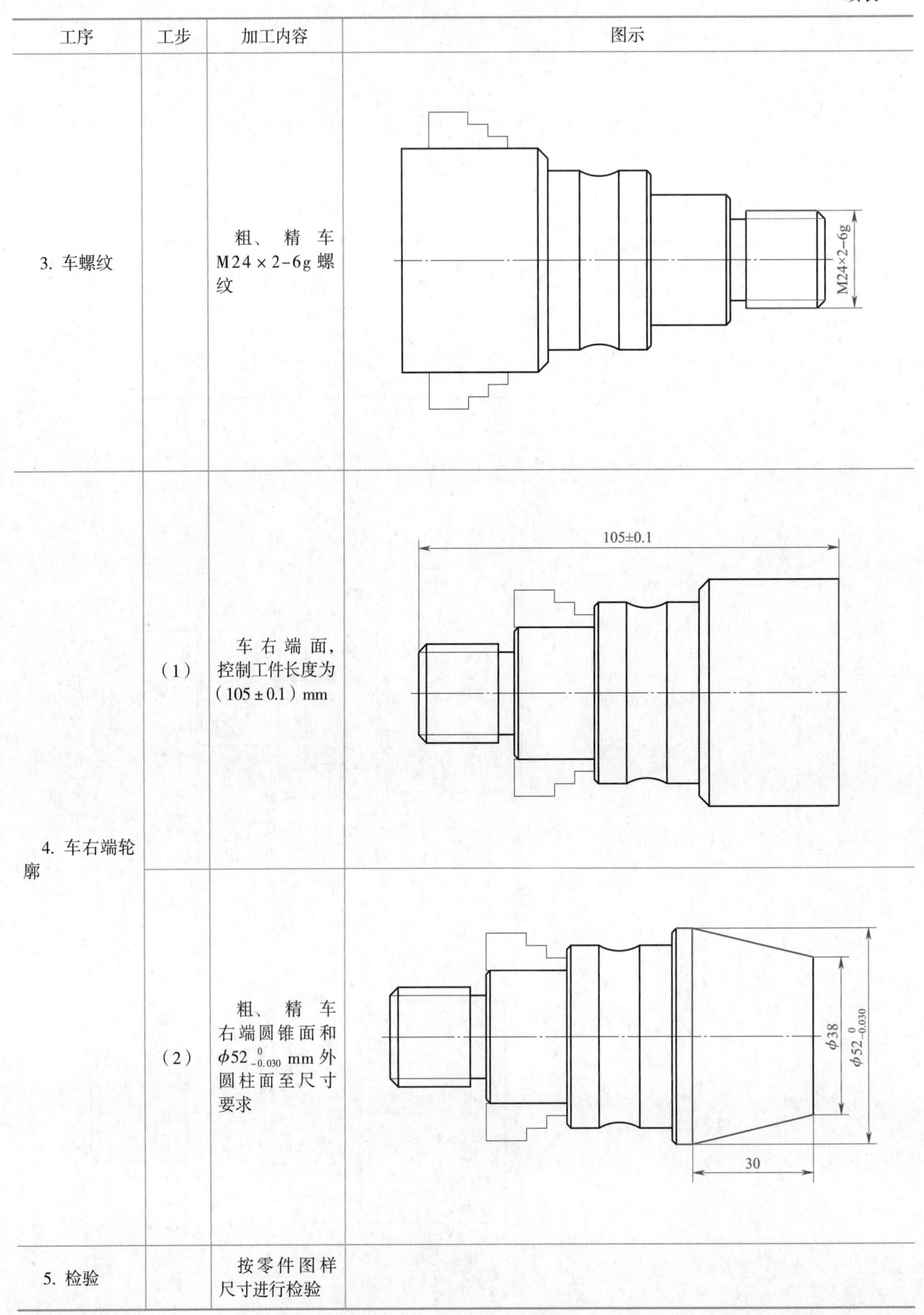

工序	工步	加工内容	图示
3. 车螺纹		粗、精车 M24 × 2-6g 螺纹	
4. 车右端轮廓	（1）	车右端面，控制工件长度为（105 ± 0.1）mm	
	（2）	粗、精车右端圆锥面和 $\phi 52_{-0.030}^{0}$ mm 外圆柱面至尺寸要求	
5. 检验		按零件图样尺寸进行检验	

三、加工质量检测

表 19–2 为锥端螺纹轴加工质量检测表。

表 19–2　　锥端螺纹轴加工质量检测表

序号	检测项目	配分	检测内容及要求	评分标准	检测结果	得分
1	主要尺寸（45 分）	8	$\phi 52^{\ 0}_{-0.030}$ mm	超差不得分		
2		7	$\phi 44^{\ 0}_{-0.025}$ mm	超差不得分		
3		7	$\phi 38$ mm	超差不得分		
4		7	$\phi 32^{\ 0}_{-0.025}$ mm	超差不得分		
5		8	$R10$ mm	超差不得分		
6		8	M24 × 2–6g	超差不得分		
7	次要尺寸（28 分）	4	8 mm	超差不得分		
8		4	10 mm	超差不得分		
9		4	30 mm	超差不得分		
10		4	24 mm	超差不得分		
11		4	$44^{\ 0}_{-0.1}$ mm	超差不得分		
12		4	$70^{\ 0}_{-0.1}$ mm	超差不得分		
13		4	（105 ± 0.1）mm	超差不得分		
14	槽（6 分）	6	4 mm × 2 mm	超差不得分		
15	表面粗糙度（9 分）	4 × 1	*Ra*1.6 μm（4 处）	降级不得分		
16		10 × 0.5	*Ra*3.2 μm（10 处）	降级不得分		
17	主观评分（9 分）	3	已加工零件倒角、去毛刺符合图样要求，否则不得分			
18		3	已加工零件无划伤、碰伤和夹伤，否则不得分			
19		3	已加工零件与图样外形一致，否则不得分			
20	更换或添加毛坯（3 分）	3	更换或添加毛坯不得分			
21	职业素养	倒扣分	能正确穿戴工作服、工作鞋、安全帽和防护眼镜等个人防护用品。每违反一项，扣 2 分			
22			能规范使用设备、工具、量具和辅具。每违反操作规范一次，扣 2 分			
23			能做好设备清洁、保养工作。未清洁或未保养，扣 3 分；清洁或保养不彻底，扣 2 分			
总配分		100	总得分			

学习任务 20　锥螺纹轴的数控车床加工

一、工作情境描述

某企业接到一批锥螺纹轴（图 20–1）零件加工订单，数量为 30 件。来料加工，材料为 45 钢，毛坯尺寸为 ϕ65 mm × 85 mm，工期为 5 天。该零件为回转体零件，生产主管计划用数控车床进行加工。

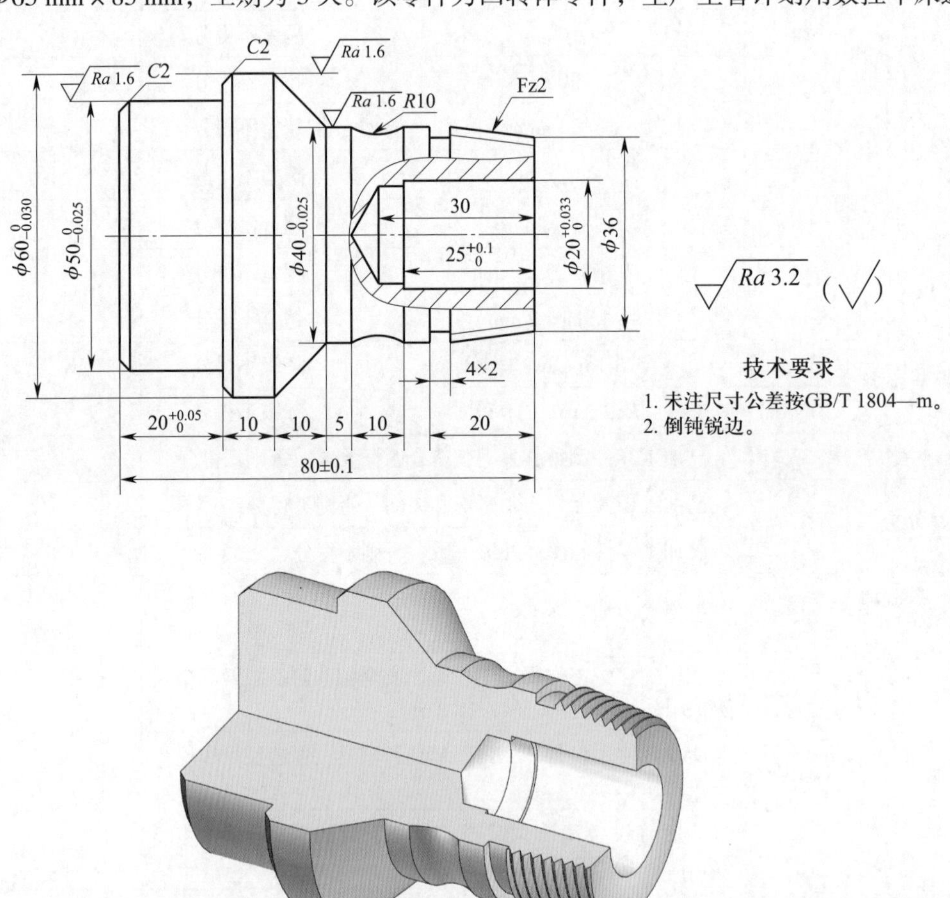

图 20–1　锥螺纹轴

二、加工工艺过程

锥螺纹轴的加工工艺过程见表 20–1。

表 20-1　　锥螺纹轴的加工工艺过程

工序	工步	加工内容	图示
1. 车左端外轮廓	（1）	车左端面，控制工件长度为（82 ± 0.2）mm	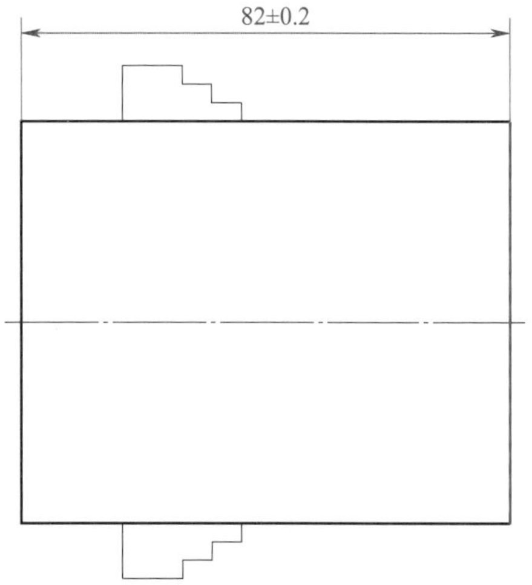 82±0.2
	（2）	粗、精车 $\phi 50_{-0.025}^{0}$ mm、$\phi 60_{-0.030}^{0}$ mm 外圆柱面至尺寸要求，并倒角	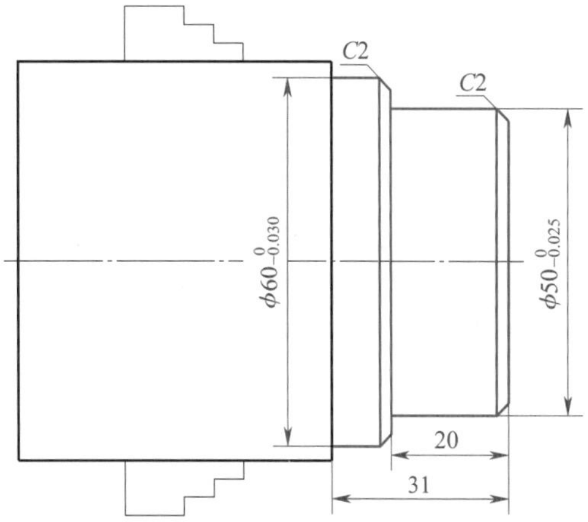 C2　C2　$\phi 60_{-0.030}^{0}$　$\phi 50_{-0.025}^{0}$　20　31
2. 钻孔		钻 ϕ18 mm × 32 mm 孔	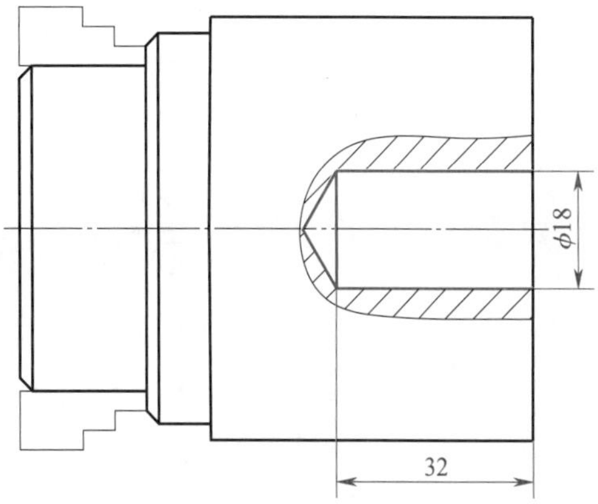 ϕ18　32

续表

工序	工步	加工内容	图示
3. 车右端外轮廓	（1）	车右端面，控制总长（80 ± 0.1）mm	
	（2）	粗、精车两锥面、R10 mm 圆弧面和 ϕ 40 $^{0}_{-0.025}$ mm 外圆柱面至尺寸要求	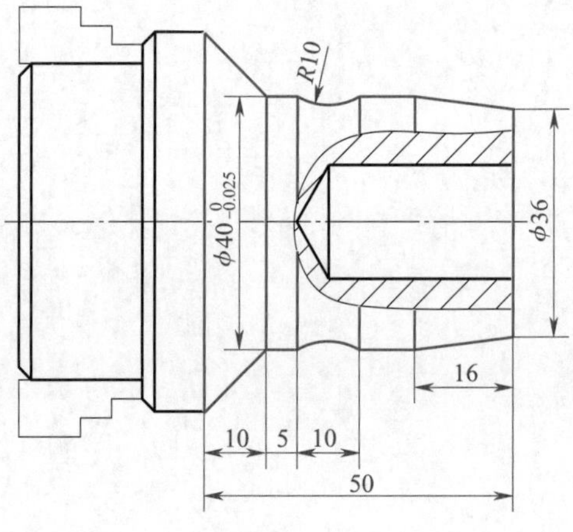
4. 车螺纹退刀槽		车 4 mm × 2 mm 螺纹退刀槽	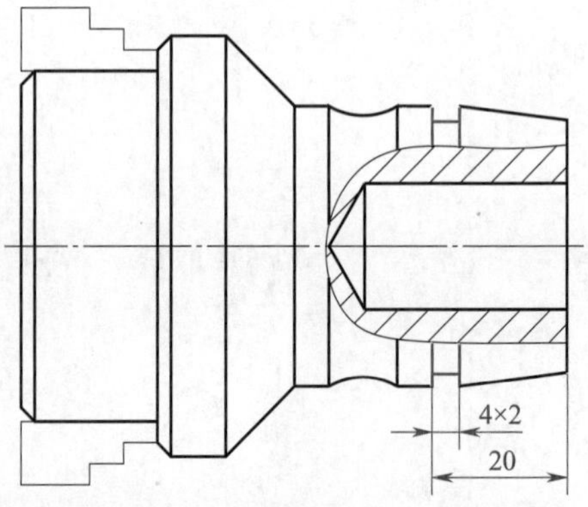

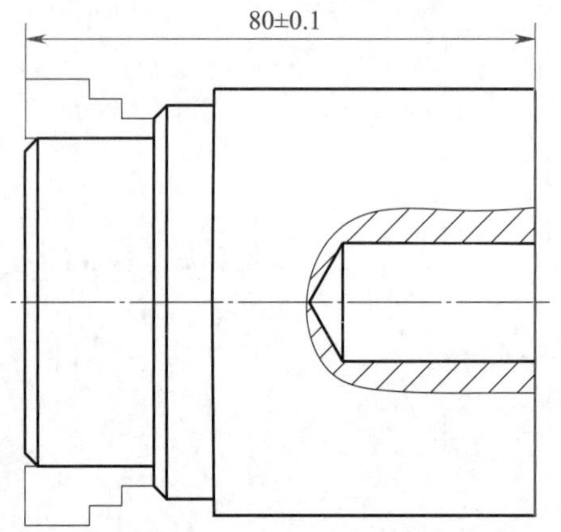

续表

工序	工步	加工内容	图示
5. 车锥螺纹		车锥螺纹，保证 Z 轴方向螺距为 2 mm	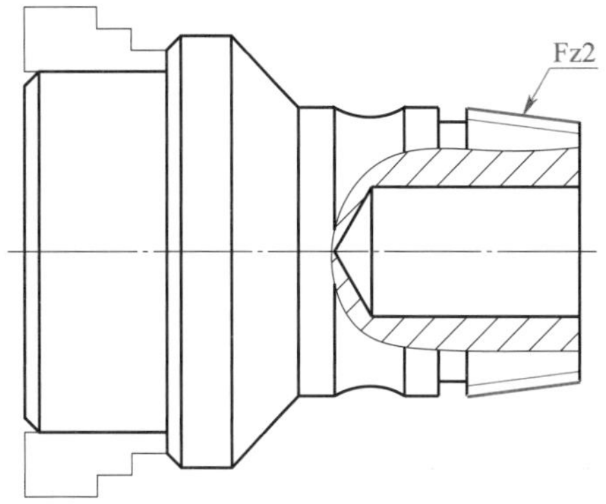 Fz2
6. 车内孔		车 $\phi 20^{+0.033}_{0}$ mm 内孔至尺寸要求	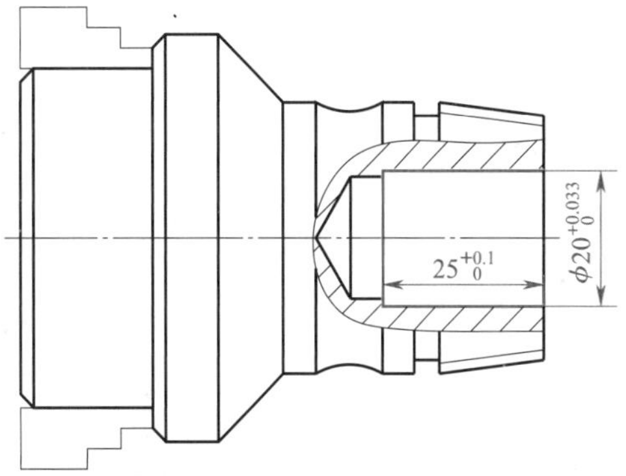 $25^{+0.1}_{0}$ $\phi 20^{+0.033}_{0}$
7. 检验		按零件图样尺寸进行检验	

三、加工质量检测

表 20–2 为锥螺纹轴加工质量检测表。

表 20–2　　锥螺纹轴加工质量检测表

序号	检测项目	配分	检测内容及要求	评分标准	检测结果	得分
1	主要尺寸（45 分）	7	$\phi 50^{0}_{-0.025}$ mm	超差不得分		
2		7	$\phi 60^{0}_{-0.030}$ mm	超差不得分		
3		7	$\phi 40^{0}_{-0.025}$ mm	超差不得分		
4		8	$\phi 20^{+0.033}_{0}$ mm	超差不得分		
5		8	$R10$ mm	超差不得分		
6		8	锥螺纹 Fz2	超差不得分		

续表

序号	检测项目	配分	检测内容及要求	评分标准	检测结果	得分
7	次要尺寸（31分）	3	5 mm	超差不得分		
8		3	20 mm	超差不得分		
9		3×3	10 mm（3处）	超差不得分		
10		4	$20^{+0.05}_{0}$ mm	超差不得分		
11		4	$25^{+0.1}_{0}$ mm	超差不得分		
12		4	（80±0.1）mm	超差不得分		
13		2×2	*C*2 mm（2处）	超差不得分		
14	槽（6分）	6	4 mm×2 mm	超差不得分		
15	表面粗糙度（6分）	3×1	*Ra*1.6 μm（3处）	降级不得分		
16		6×0.5	*Ra*3.2 μm（6处）	降级不得分		
17	主观评分（9分）	3	已加工零件倒角、倒钝、去毛刺符合图样要求，否则不得分			
18		3	已加工零件无划伤、碰伤和夹伤，否则不得分			
19		3	已加工零件与图样外形一致，否则不得分			
20	更换或添加毛坯（3分）	3	更换或添加毛坯不得分			
21	职业素养	倒扣分	能正确穿戴工作服、工作鞋、安全帽和防护眼镜等个人防护用品。每违反一项，扣2分			
22			能规范使用设备、工具、量具和辅具。每违反操作规范一次，扣2分			
23			能做好设备清洁、保养工作。未清洁或未保养，扣3分；清洁或保养不彻底，扣2分			
总配分		100	总得分			

附　　录

附表 1

学习任务分析表

序号	工作内容分析							学习内容分析	
	工作步骤	工作内容	工作成果	工作要求	工作方法	工具、材料、设备	劳动组织形式	理论和实践知识	职业素养

附表 2

教学活动策划表

学习任务名称						学时		
序号	学习环节与学时	学习目标	学习步骤	学习内容	学生活动	教师活动	学习成果	学习资源

附表 3 **学生自我评价表**

班级：______ 学生姓名：______ 学号：______

评价项目	评价内容	评价标准			得分
		偶尔	经常	完全	
知识和技能	能独立获取任务信息，明确工作任务内容与要求，制订工作计划	0 ~ 2	3 ~ 4	5 ~ 7	
	能认真听讲，根据任务要求，合理选择指令，编辑加工程序并校验	0 ~ 2	3 ~ 4	5 ~ 7	
	能主动参与角色分工、扮演，尽心尽责全程参与工作任务	0 ~ 2	3 ~ 4	5 ~ 7	
	观看微课、课件和教师示范操作，能进行刀具、工件的正确装夹并对刀	0 ~ 2	3 ~ 4	5 ~ 7	
	能规范、有序进行零件的加工	0 ~ 4	5 ~ 7	8 ~ 10	
	能通过小组协作，选用合适量具，对零件进行测量	0 ~ 2	3 ~ 4	5 ~ 7	
职业素养	能按时出勤，规范着装。遵守课堂纪律，不做与任务无关的事情	0 ~ 2	3 ~ 4	5 ~ 7	
	生产操作中，能善于发现并勇于指出操作员的不规范操作	0 ~ 2	3 ~ 4	5 ~ 7	
	能主动分析、思考问题，积极发表对问题的看法，提出建议，解决问题	0 ~ 4	5 ~ 7	8 ~ 10	
	能主动参与并服从团队安排，互助协作，分享并倾听意见，反思总结，完善自我	0 ~ 2	3 ~ 4	5 ~ 7	
	能保持认真细致、精益求精的工作态度	0 ~ 4	5 ~ 7	8 ~ 10	
	能积极参与汇报工作（汇报人需表述清晰、专业术语准确，非汇报人协助整合汇报资料和方案）	0 ~ 2	3 ~ 4	5 ~ 7	
	遵守实训车间环境卫生要求	0 ~ 2	3 ~ 4	5 ~ 7	
	任务总体表现（总评分）				

附表 4 **组内工作过程互评表**

学习任务名称	班级	姓名	学号

序号	评价内容	评价标准			得分
		偶尔	经常	完全	
1	能主动完成教师布置的任务和作业	0 ~ 4	5 ~ 7	8 ~ 10	
2	能认真听教师讲课，听同学发言	0 ~ 4	5 ~ 7	8 ~ 10	
3	能积极参与讨论，与他人良好合作	0 ~ 4	5 ~ 7	8 ~ 10	

续表

序号	评价内容	评价标准			得分
		偶尔	经常	完全	
4	能独立查阅资料、观看微课，形成意见文本	0 ~ 4	5 ~ 7	8 ~ 10	
5	能积极地就疑难问题向同学和教师请教	0 ~ 4	5 ~ 7	8 ~ 10	
6	能积极参与小组合作，并指出同学在操作中的不规范行为	0 ~ 4	5 ~ 7	8 ~ 10	
7	能规范操作数控车床进行零件加工	0 ~ 4	5 ~ 7	8 ~ 10	
8	能正确测量后耐心细致地修调加工参数，保证产品质量	0 ~ 4	5 ~ 7	8 ~ 10	
9	能按车间管理要求，规范摆放工量刃具，整理和清扫现场	0 ~ 4	5 ~ 7	8 ~ 10	
10	能认真总结和反思任务实施中出现的问题	0 ~ 4	5 ~ 7	8 ~ 10	
任务总体表现（总评分）					

附表 5　　组间展示互评表

学习任务名称		班级	组名	汇报人	
序号	评价内容	评价标准			得分
		否	部分	是	
1	展示的零件是否符合技术标准	0 ~ 4	5 ~ 7	8 ~ 10	
2	小组介绍成果表达是否清晰	0 ~ 4	5 ~ 7	8 ~ 10	
3	小组介绍的加工方法是否正确	0 ~ 4	5 ~ 7	8 ~ 10	
4	小组汇报成果语言逻辑是否正确	0 ~ 4	5 ~ 7	8 ~ 10	
5	小组汇报成果专业术语表达是否正确	0 ~ 4	5 ~ 7	8 ~ 10	
6	小组组员和汇报人解答其他组提问是否正确	0 ~ 4	5 ~ 7	8 ~ 10	
7	汇报或模拟加工过程操作是否规范	0 ~ 4	5 ~ 7	8 ~ 10	
8	小组的检测量具、量仪保养是否好	0 ~ 4	5 ~ 7	8 ~ 10	
9	小组成员是否有团队合作精神	0 ~ 4	5 ~ 7	8 ~ 10	
10	小组汇报、展示的方式是否新颖（利用多媒体等手段）	0 ~ 4	5 ~ 7	8 ~ 10	
任务总体表现（总评分）					
小组汇报中存在的问题和建议					

附表 6 **教师评价表**

评价项目	评价标准	教师评价（占总评 50%）			
		偶尔	经常	完全	得分
承担职责	能主动参与角色分工、扮演，尽心尽责全程参与工作任务	0 ~ 4	5 ~ 7	8 ~ 10	
服从管理	能时刻服从组长和教师工作安排，积极完成工作	0 ~ 4	5 ~ 7	8 ~ 10	
独立思考	能独立发现问题，思考问题，积极发表对问题的看法，提出建议，解决问题	0 ~ 4	5 ~ 7	8 ~ 10	
团结互助	能主动交流、协作，完成零件的加工工艺制定	0 ~ 4	5 ~ 7	8 ~ 10	
规范意识	能按照车间操作规范进行操作，遵守使用要求，正确开、关设备，维持场地环境整洁	0 ~ 4	5 ~ 7	8 ~ 10	
严谨踏实	能认真、细致地按照自动加工流程完成零件加工	0 ~ 4	5 ~ 7	8 ~ 10	
勇于表达	能在加工操作中发现并指出操作员的不规范操作，并积极参与汇报	0 ~ 4	5 ~ 7	8 ~ 10	
质量意识	能对质量精益求精，达到最好加工结果（刀补调试参数和切削参数是否最优，以零件表面粗糙度和尺寸精度为准）	0 ~ 4	5 ~ 7	8 ~ 10	
反思总结	能反思、总结影响零件质量的因素	0 ~ 4	5 ~ 7	8 ~ 10	
自律自控	能控制自己，积极协作，全程参与工作过程	0 ~ 4	5 ~ 7	8 ~ 10	
总体意见					
任务总体表现（总评分）